建筑工人技能培训教程

施工现场安全防护与职业卫生

本书编委会 编

中国建筑工业出版社

图书在版编目（CIP）数据

施工现场安全防护与职业卫生/本书编委会编．—北京：中国建筑工业出版社，2017.1
建筑工人技能培训教程
ISBN 978-7-112-20253-9

Ⅰ.①施… Ⅱ.①本… Ⅲ.①施工现场-安全管理-技术培训-教材②劳动卫生-卫生管理-技术培训-教材 Ⅳ.①TU714②R13

中国版本图书馆 CIP 数据核字（2017）第 006225 号

本书内容共 2 章，第一章施工现场安全防护；第二章施工现场职业卫生。本书适合指导一线人员的安全操作和发生伤害时候的紧急救助。

责任编辑：张　磊　万　李　范业庶
责任设计：李志立
责任校对：焦　乐　张　颖

建筑工人技能培训教程
施工现场安全防护与职业卫生
本书编委会　编
*
中国建筑工业出版社出版、发行（北京海淀三里河路 9 号）
各地新华书店、建筑书店经销
霸州市顺浩图文科技发展有限公司制版
北京市安泰印刷厂印刷
*
开本：850×1168 毫米　1/32　印张：3¼　字数：86 千字
2017 年 3 月第一版　　2017 年 3 月第一次印刷
定价：**12.00** 元
ISBN 978-7-112-20253-9
（29634）

本书编委会

主　　编：赵志刚　高克送

副 主 编：杨小青　陈欣欣　刘　琰　张昌生

参编人员：方　园　刘　锐　胡亚召　李大炯　谭　达
邢志敏　杨文通　时春超　张院卫　章和何
曾　雄　陈少东　吴　闯　操岳林　黄明辉
殷广建　李大炯　钱传彬　刘建新　刘　桐
闫　冬　唐福钧　娄　鹏　陈德荣　周业凯
陈　曦　艾成豫　龚　聪　韩　潇

前　言

为了认真贯彻《中华人民共和国职业病防治法》和《中华人民共和国安全生产法》，预防、控制和消除职业病危害，防治职业病，保护职工的健康及安全，改善作业环境，搞好职业卫生和安全工作，特为高职高专、大中专土木工程类学生及土木工程技术与管理人员编写的培训教材和参考书籍。

本书共分两大章，主要内容有：施工现场安全防护；施工现场职业卫生。详细讲解了基坑与沟槽施工安全防护、模板施工安全防护、临边洞口安全防护、施工机械与临时用电安全防护，并对施工现场场容管理及建筑行业职业病危害预防控制进行介绍。

通过学习本书，你会发现以下优点：

1. 本书系统地介绍了施工现场安全防护的具体操作方法，以图文并茂的形式展现理论和实践，让初学者快速入门，学而不厌，很快掌握现场施工管理要点。

2. 注重培养应用型实践人才，改善施工现场作业环境，提高建筑工人安全意识，加强建筑行业职业病预防，提高建筑行业整体管理水平。

本书由北京城建北方建设有限责任公司赵志刚担任主编，由中国建筑第八工程局有限公司高克送担任第二主编；由广东重工建设监理有限公司刘琰、浙江城建建设集团有限公司陈欣欣、广西良凤江置业有限公司张昌生、华升建设集团有限公司杨小青担任副主编。由于编者水平有限，书中难免有不妥之处，欢迎广大读者批评指正，意见及建议可发送至邮箱 bwhzj1990@163. com。

目　录

1　施工现场安全防护 ………………………………………… 1

1.1　基坑与沟槽施工安全防护 ……………………………… 1

1.1.1　基槽作业施工安全防护 ………………………………… 1

1.1.2　基坑作业施工安全防护 ………………………………… 1

1.1.3　管沟作业施工安全防护 ………………………………… 2

1.1.4　人工挖孔桩作业施工安全防护 ………………………… 3

1.2　模板施工作业安全防护 ………………………………… 3

1.2.1　大型模板作业施工安全防护 …………………………… 3

1.2.2　木模板作业施工安全防护 ……………………………… 4

1.2.3　其他模板作业施工安全防护 …………………………… 6

1.3　临边与洞口安全防护 …………………………………… 8

1.3.1　阳台临边作业施工安全防护 …………………………… 8

1.3.2　屋面临边作业施工安全防护 …………………………… 9

1.3.3　框架楼层临边作业施工安全防护 ……………………… 9

1.3.4　上人马道及楼梯临边作业施工安全防护………… 10

1.3.5　竖向洞口安全防护………………………………………… 10

1.3.6　水平洞口安全防护………………………………………… 12

1.4　施工机械与临时用电安全防护…………………………… 15

1.4.1　钢筋施工用机械作业安全防护………………………… 15

1.4.2　混凝土施工用机械作业安全防护……………………… 22

1.4.3　模板施工用机械作业安全防护………………………… 27

1.4.4　其他施工用机械作业安全防护………………………… 31

2　施工现场职业卫生………………………………………… 32

2.1　绿色施工………………………………………………… 32

2.1.1　绿色施工管理………………………………………… 32

2.1.2　环境保护措施………………………………………… 35

2.1.3 节材、节水、节能、节地措施与管理…………… 51
2.2 场容与环境卫生……………………………………… 59
2.2.1 施工现场平面布置管理………………………… 59
2.2.2 施工现场环境卫生与卫生防疫管理…………… 65
2.2.3 施工现场消防保卫管理………………………… 73
2.3 事故发生后的自救与互助…………………………… 76
2.3.1 安全事故概念…………………………………… 76
2.3.2 事故发生后的自救与互救……………………… 77
2.4 职业健康安全卫生与救治…………………………… 83
2.4.1 职业健康安全卫生常识………………………… 83
2.4.2 伤害急救与救治………………………………… 86
2.5 职业健康检查与职业病危害预防控制……………… 89
2.5.1 职业健康检查…………………………………… 89
2.5.2 职业病危害因素的识别………………………… 93
2.5.3 职业病危害防护措施…………………………… 96

1 施工现场安全防护

1.1 基坑与沟槽施工安全防护

1.1.1 基槽作业施工安全防护

（1）在进行基槽挖土作业时，要设护栏及警示标志，夜间应设红色警示灯。沟槽边 1m 以内不准堆放材料或停放车辆设备。

（2）沟槽外施工人员不得向基坑内乱扔杂物，向沟槽下传递工具时要接稳后再松手；坑下人员休息要远离沟槽边及放坡处。

（3）施工机械一切服从指挥，人员尽量远离施工机械，施工半径内应设隔离栏，并派专人看护。见图 1.1.1-1。

1.1.2 基坑作业施工安全防护

（1）基坑边沿采用定制钢护栏进行防护，栏杆防护高度 1.2m，栏杆刷黄黑相间油漆警示。

（2）栏杆上挂设密目安全网，底部设 200mm 高挡脚板，并在外围设置一圈排水沟。

（3）考虑到夜间施工照明，沿围栏每隔一定距离设置一盏夜间照明灯。见图 1.1.2-1，图 1.1.2-2。

图 1.1.1-1 基槽作业施工安全防护

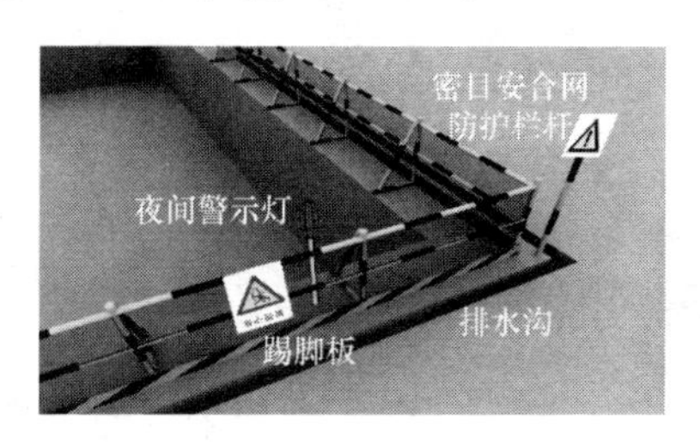

图 1.1.2-1 基坑临边防护图

基坑临边防护应用示意

[强制性标准]

说明：

1、基坑临边防护采用钢管搭设，采用双道护栏形式(下道护栏离地高度0.5m,上道护栏离地高度1.1m)，立杆打入地面50～70cm深,立杆露出地面高度1.2m，立杆按2m间距设置，立杆与基坑边坡的距离不应小于0.5m。

2、钢管表面涂刷黄黑相间防锈漆以示警戒。防护内侧满挂密目安全网，防护外侧设置20cm高踢脚板，并张挂“当心坠落”安全警示标志牌。

3、基坑排水措施：在防护栏杆外侧设置排水沟，采取有组织排水。

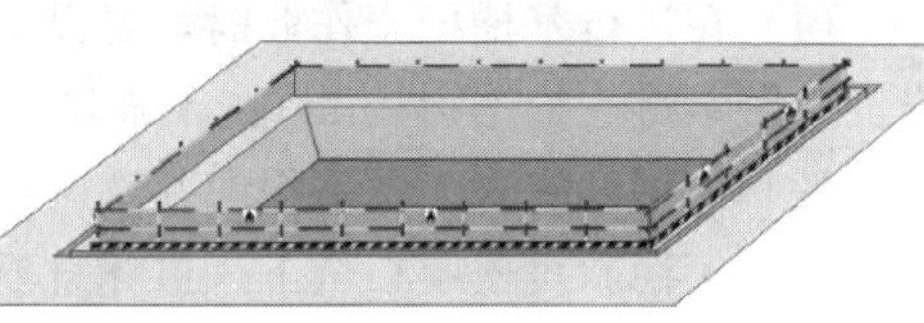

基坑临边防护示意

图 1.1.2-2　基坑临边防护应用示意

1.1.3　管沟作业施工安全防护

图 1.1.3-1　管沟作业施工安全防护

（1）进入施工现场必须戴安全帽，穿好个人劳动防护用品。

（2）在进入土沟、土坑内作业前，必须仔细检查边坡应无裂纹和落土，边坡角度和堆土距离应符合安全规程，若有不够安全的因素时，应采取加固支撑等措施。见图 1.1.3-1。

（3）沟底部有积水，应认真采取排水措施，且防止带电线在水中导电。

（4）沟内通风不良时，应采取通风措施，如发现有毒气体，应采取相应安全技术措施。

(5) 施工人员不得在土坑、土沟内休息。也不得在通风不良甚至有毒气的沟内休息，即使有通风措施的也应防止可能发生的突发性停电事故等。

(6) 往沟、井内运送工具、材料，应慢慢滑放，沟内人员应注意安全避让。

1.1.4 人工挖孔桩作业施工安全防护

由于挖孔桩的工作面小，因此任何物体坠落，都可产生严重后果，须采取有效的防护措施。

(1) 每孔作业不少于2人，要明确分工，各负其责，即井上施工人员对该井负完全责任，监督井上不得有任何物料下坠。

(2) 井上设安全栏杆，安全栏杆是沿井上口竖向设置，高约1.2m，防止杂物甚至人员失足掉下，桩孔第一节护壁比地面高出20cm以上，防止地面水回流入桩井内。见图1.1.4-1，图1.1.4-2。

(3) 井口2m范围内严禁堆放杂物，如有杂物要及时清理。

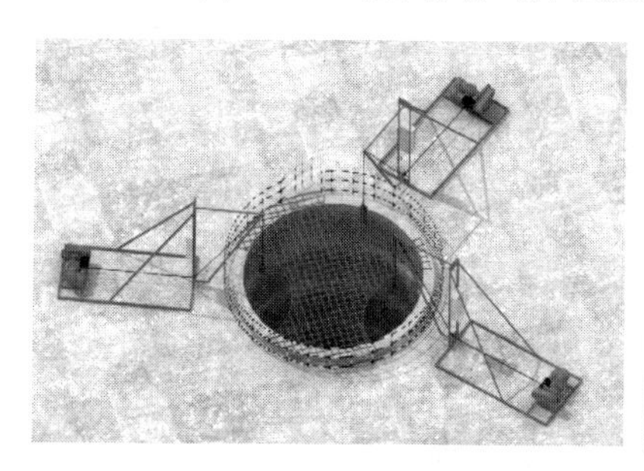

图1.1.4-1 人工挖孔桩施工安全防护

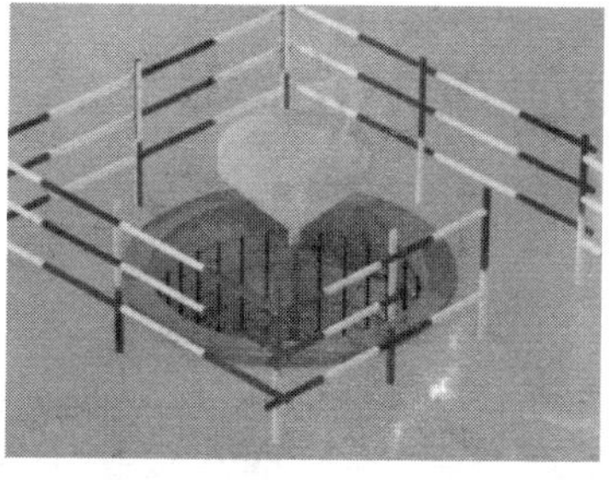

图1.1.4-2 人工挖孔桩混凝土浇筑施工安全防护示意

1.2 模板施工作业安全防护

1.2.1 大型模板作业施工安全防护

(1) 大型模板应分类存放，设置专门的模板堆放场，场地平整，夯实，不得有松土，板与板之间用拉杆拉牢，以防大型模板因风吹或撞击而倾倒伤人。见图 1.2.1-1。

图 1.2.1-1　大型模板堆放场

（2）大型模板在安装时必须做到随吊随安装，两块模板应同时就位、同时调直，不能单边就位，以防倾倒，安装就位或者拆除模板时，起重指挥人员和挂钩人员必须站在安全可靠的地点，方可操作，严禁随大型模板起吊，起吊大型模板所用的吊具要用长环不得使用吊钩。见图 1.2.1-2。

（3）在大型模板安装就位后，要设专业人员将大型模板串联，并与避雷网络接通，防止漏电伤人，大型模板拆除时，首先应检查，先将穿墙螺栓等障碍拆除，将地脚螺栓提上去，使楼板与墙面脱离方可起吊，起吊时一次不得吊两块，更不准斜吊，拆除后在清理板面或涂脱模剂时，大型模板必须加固好，防止倾倒伤人。见图 1.2.1-3。

图 1.2.1-2　大型模板安装

图 1.2.1-3　大型模板施工作业

1.2.2　木模板作业施工安全防护

（1）地面上的支模场地必须平整夯实，并同时排除现场的不安全因素。见图 1.2.2-1，图 1.2.2-2。

图 1.2.2-1　满堂架基础施工

图 1.2.2-2　满堂架搭设样板

（2）模板工程作业高度在 2m 以上时，必须设置安全防护设施。见图 1.2.2-3。

图 1.2.2-3　模板施工安全防护图

（3）作业人员登高必须走人行梯道，严禁利用模板支撑攀登上下，不得在墙顶、独立梁及其他高处狭窄而无防护的模板上行走。见图 1.2.2-4。

图 1.2.2-4　模板作业人行通道

（4）模板的立柱顶撑必须设牢固的拉杆，不得与门窗等不牢靠和临时物件相连接。

（5）组装立柱模板时，四周必须设牢固支撑，如柱模在6m以上，应将几个柱模连成整体。支设独立梁模应搭设临时操作平台，不得站在柱模上操作和在梁底模上行走和制作侧模。见图1.2.2-5。

图1.2.2-5　柱模板加固图

（6）拆模作业时，必须有项目技术负责人根据拆模试块签发的拆模令方可进行拆除，拆除时必须设警戒区，严禁下方有人进入。拆模人员必须站在平稳牢固可靠的地方，保持自身平衡，不得猛撬，以防失稳坠落。

（7）拆除模板等支撑材料，必须边拆、边清、边运、边堆码，楼层高处拆下的材料，严禁抛掷。

1.2.3　其他模板作业施工安全防护

（1）定型组合钢模板施工

首先针对模板工程的特点，编制模板安全施工组织计划。做到安全组织措施到位，安全技术交底到位，安全例行检查到位，安全宣传教育到位，安全责任落实到位。

混凝土浇筑之前，操作平台及临边防护要做好，经验收合格后方可浇筑，浇筑过程中，安全员过程巡视。

大模板在吊运时必须留有足够的安全距离和采用相应的安全措施。见图 1.2.3-1，图 1.2.3-2。

当风力为 6 级时，可吊装地面上第 1～2 层楼体模板，当风力大于 6 级时，应停止模板吊装工作。

模板堆放，场地要平整坚实，合理堆放，保证支架的稳定性。

图 1.2.3-1　组合钢模板现场安装图

图 1.2.3-2　组合钢模板洞口加固图

（2）铝模板施工

模板及其支架应根据工程结构形式、荷载大小、地基土类别、施工设备和材料供应等条件进行设计。模板及其支架应具有足够的承载力、刚度和稳定性，能可靠地承受混凝土的重量、侧压力以及施工荷载。模板及其支架撤除的顺序及安全措施应按施工技术方案执行。见图 1.2.3-3，图 1.2.3-4。

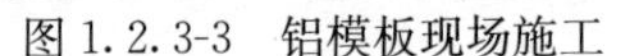
图 1.2.3-3　铝模板现场施工

图 1.2.3-4　铝模板加固图

1.3　临边与洞口安全防护

1.3.1　阳台临边作业施工安全防护

阳台临边作业的安全防护措施，主要有以下四种：

（1）设置防护栏杆。无外脚手架的屋面与楼层临边，未安装栏杆或栏板的阳台、料台与挑平台临边，雨篷与挑檐边，水箱与水塔临边，分层施工的楼梯口和脚步手架等一建筑物通道的两侧边，都必须设置防护栏杆。对于主体工程上升阶段的顶层楼梯口应随工程结构进度安装正式防护栏杆。见图 1.3.1-1。

图 1.3.1-1　阳台临边安全防护

（2）架设安全网。首层墙高度超过 3.2m 的二层楼的临边，以及无、外脚手架的高度超过 3.2m 的楼层临边，必须在外围架设安全平网一道。

（3）设置安全门或活动防护栏杆。各种垂直运输接料平台，在平台口应设置安全门或活动防护栏杆。

（4）做全封闭处理。当临边的外侧面临街道时，除设防护栏杆外，敞口若悬河立面必须采取满挂安全网或其他可靠措施作全封闭处理。

1.3.2 屋面临边作业施工安全防护

（1）屋面周围临边，必须设安全防护栏或警戒带，并派专人进行监护。见图 1.3.2-1。

（2）屋面临边上下材料、工具等时，作业人员严禁站在临边边缘，如需站在边缘时，应佩戴安全带，安全带应挂在安全绳上或牢固的位置。

图 1.3.2-1　屋面临边安全防护

（3）屋面临边安装的临时护栏或警戒带，应随工程施工进度进行设置。

（4）防护栏杆或警戒带应由上下两道组成，上杆离地高度为 1.0～1.2m，下杆离地高度为 0.5～0.6m。

1.3.3 框架楼层临边作业施工安全防护

在结构施工过程中，现场对塔楼临边、钢构件外框架进行重点防护。每层外围构件拉挂立网，“四口”设护栏、挂安全网，设醒目标志；防护栏杆高度 1.2m，立杆间距 2m，横杆两道，处于 0.6m、1.2m 处，用密目网封闭围护。见图 1.3.3-1，图 1.3.3-2。

图 1.3.3-1　框架楼层临边防护示意图

图 1.3.3-2　框架楼层临边防护图

1.3.4 上人马道及楼梯临边作业施工安全防护

(1) 楼层、楼梯临边采用定制钢护栏进行防护;

(2) 栏杆表面涂刷黄黑相间油漆警示。见图 1.3.4-1, 图 1.3.4-2。

图 1.3.4-1 楼梯临边安全防护示意图

图 1.3.4-2 楼梯临边现场安装图

1.3.5 竖向洞口安全防护

1. 电梯井口防护

(1) 电梯井口防护门采用两种材质, 分别为钢筋焊接成型或方管焊接骨架并焊接钢丝网成型。见图 1.3.5-1。

(2) 防护栏高为 1.8m, 宽度为 1.5m 和 2.1m 两种规格, 根据建筑物井口尺寸选定。

(3) 采用钢筋焊接的选用 $\phi16$ 钢筋作边框, 其余选用 $\phi12$ 钢筋, 采用方管焊接的选用 30mm×30mm 方管制作骨架 (参照前文工具化防护围栏)。

(4) 在防护门上口两端设置 $\phi16$ 钢筋作为翻转轴, 以使门上下翻转。

(5) 在防护门底部安装 200mm 高踢脚板, 防护门外侧张挂

“当心坠落”安全警示牌。见图 1.3.5-2。

图 1.3.5-1　电梯洞口临边防护示意

图 1.3.5-2　电梯洞口临边防护图

2. 剪力墙洞口防护

(1) 对于剪力墙结构，楼层竖向洞口高度低于 800mm 的临边可以采用 8 号立柱作为横杆进行防护，其端部采用专用连接件（半个旋转扣件）进行固定。见图 1.3.5-3。

(2) 防护采用一道栏杆形式，栏杆离地 1200mm。

(3) 钢管表面涂刷红白相间油漆警示，并张挂“当心坠落”安全标志牌。

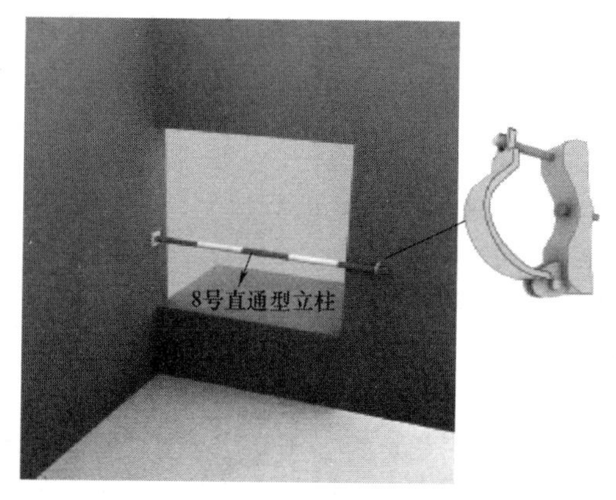

图 1.3.5-3　剪力墙洞口防护示意

3. 施工电梯楼层平台防护门

（1）定型化防护门在车间制作，各种材质规格见图 1.3.5-4。

（2）现场安装时，采用扣件将门柱与施工电梯楼层出入口操作架进行连接。见图 1.3.5-5。

（3）在铺设楼层出入平台时，将木枋搁置在此门的下框上，并铺钉好模板。

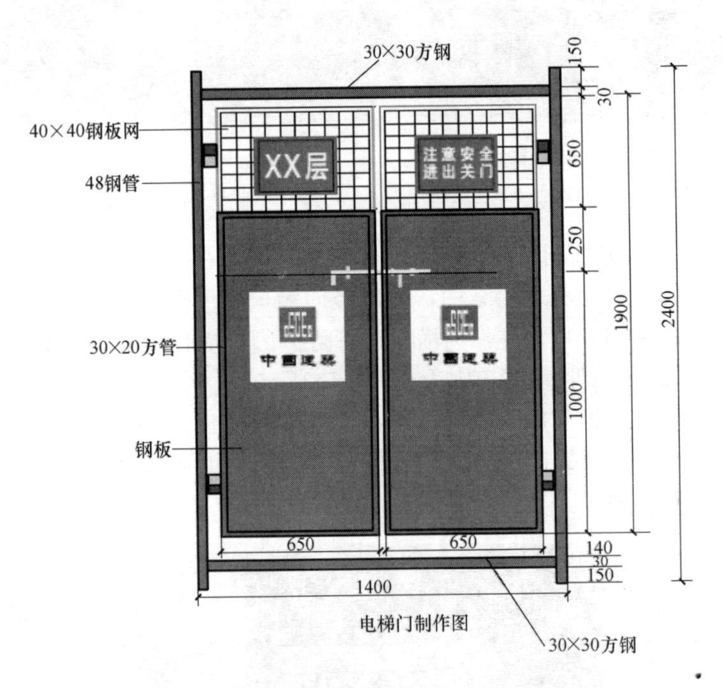

图 1.3.5-4　施工电梯口防护门示意图

1.3.6　水平洞口安全防护

1. 楼板洞口防护（<1500mm）

（1）根据洞口尺寸大小，锯出相当长度的木枋卡固在洞口内，然后将硬质盖板用铁钉钉在木枋上，作为硬质防护。

（2）盖板四周要求顺直，刷红白警示漆。见图 1.3.6-1。

图 1.3.5-5 施工电梯口防护门图

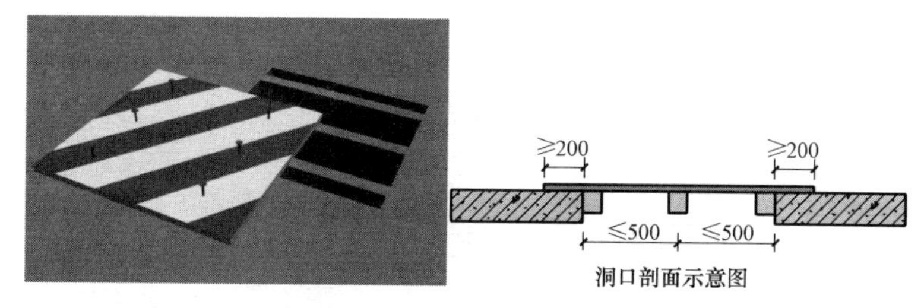

图 1.3.6-1 洞口防护做法示意图

2. 楼板洞口防护（≥1500mm）

（1）洞口四周搭设工具式防护栏杆（采取三道栏杆形式，立杆高度 1200mm，下道栏杆离地 200mm，中道栏杆离地 600mm，上道栏杆离地 1200mm），下口设置踢脚板并张挂水平安全网。

（2）防护栏杆距离洞口边不得小于 200mm。

（3）栏杆表面刷红白或黄黑相间警示油漆。见图 1.3.6-2，图 1.3.6-3。

3. 后浇带防护

（1）后浇带上用九层板全封闭隔离。

（2）两侧设砖砌式挡水坎，挡水坎应粉刷平直。

（3）刷红白或黄黑色警示漆。见图 1.3.6-4，图 1.3.6-5。

4. 塔吊预留洞口安全防护。见图 1.3.6-6。

图 1.3.6-2 洞口临边防护示意

图 1.3.6-3 洞口临边防护现场图片

图 1.3.6-4 后浇带防护示意图

图 1.3.6-5 后浇带现场防护图

图 1.3.6-6 塔吊预留洞口临边防护

1.4 施工机械与临时用电安全防护

1.4.1 钢筋施工用机械作业安全防护

1. 钢筋切断机安全操作规程

（1）钢筋加工机械需设置专门加工车间，接送料的工作台面应和切刀下部保持水平，工作台的长度可根据加工材料长度确定。加工较长的钢筋时，应有专人帮扶，并听从操作人员指挥。见图 1.4.1-1。

图 1.4.1-1 钢筋加工车间

（2）启动前，必须检查切刀应无裂纹缺损，刀架螺栓紧固，防护罩牢靠。然后用手转动皮带轮，检查齿轮啮合间隙，调整切刀间隙。

（3）启动后，应先空运转，检查各传动部分及轴承运转正常，方可操作。

（4）机械未达到正常转速时不得切料。切断时必须使用切刀的中、下部位，握紧钢筋对准刀口迅速送入，操作者应站在固定刀片一侧用力压住钢筋，应防止钢筋末端弹出伤人，严禁用两手分在刀片两边握住钢筋俯身送料。见图 1.4.1-2。

（5）不得剪切直径及强度超过机械铭牌规定的钢筋和烧红的钢筋。一次切断多根钢筋时，必须换算钢筋的截面积，其总截面

图 1.4.1-2　钢筋切断施工

积应在规定范围内。

（6）剪切低合金钢时，应更换高硬度切刀，剪切直径应符合机械铭牌规定。

（7）切断短料时，靠近刀片的手和刀片之间的距离应保持150mm以上，如手握端小于400mm时，应用套管或夹具将钢筋短头压住或夹牢。

（8）运转中严禁用手直接消除附近的断头和杂物，钢筋摆动周围和刀口附近非操作人员不得停留。

（9）当发现机械运转不正常、有异常响声或切刀歪斜时，应立即停机检修。维修保养必须停机，切断电源后方可进行。

（10）液压传动式切断机作业前，应检查并确认液压油位及电动机旋转方向符合要求。启动后应空载运转，松开放油阀，排净液压缸体内的空气，方可进行切筋。

（11）手动液压式切断机使用前，应将放油阀按顺时针方向旋紧，切割完毕后，应立即按逆时针方向旋松。作业中，手应持稳切断机，并戴好绝缘手套。

（12）作业后应切断电源，用钢刷消除切刀间的杂物，进行整机清洁润滑。见图 1.4.1-3。

（13）使用小型切割机进行刚接切断时，小型切割机必须安

图 1.4.1-3　钢筋切断机

装防护罩，防噪声防火花溅射。见图 1.4.1-4。

图 1.4.1-4　小型切割机外防护罩防噪声防火花溅射

（14）各施工用电机械必须进行接地接零保护。见图 1.4.1-5。

2. 钢筋套丝机安全操作规程

（1）设备必须专人负责、专人管理。

（2）要遵循锥螺纹套丝机安全操作规程。

（3）必须熟知了解锥螺纹套丝机设备的构造、原理及其性能。

（4）作业时精力要集中，严禁嬉笑打闹。

（5）使用套丝机前，要做好设备、电气检查工作，发现问题，查找隐患，杜绝不安全因素，防止事故发生。

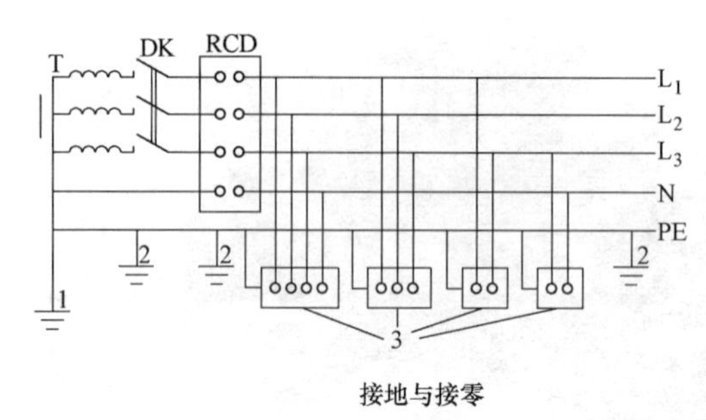

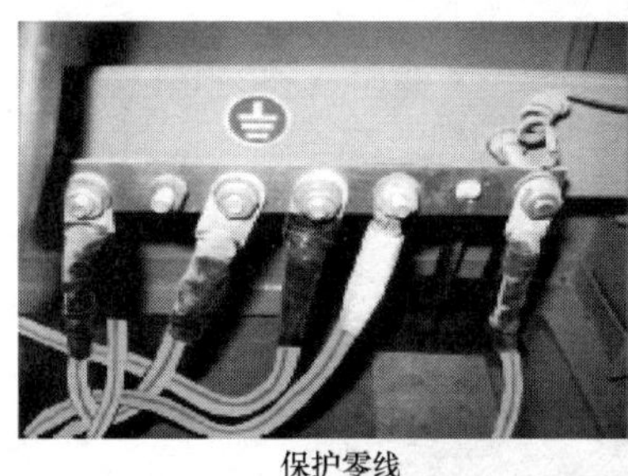
保护零线

工作零线

图 1.4.1-5　机械用电接地保护

（6）套丝时必须确保钢筋夹持牢固，防止钢筋伤人。

（7）套丝时做好冷却工作，同时做好安全防护工作，防止铁屑溅出伤人。

（8）机械在运转过程中，严禁清扫刀片上面的积尘、杂污，发现工况不良应立即停机检查、修理。见图 1.4.1-6。

（9）严禁超过设备性能规定的操作，以防事故发生。

（10）严格执行“十字作业法方针”，确保机械处于良好工况。

（11）严禁在机械运转过程中进行不停机的设备维修保养作业。

（12）工作完毕，要断电并锁好闸箱。见图 1.4.1-7。

3. 钢筋调直机安全操作规程

（1）作业人员必须戴好安全帽、手套，穿胶底鞋。

图 1.4.1-6　钢筋套丝施工

图 1.4.1-7　钢筋套丝机

（2）作业前应检查钢筋调直机安装平稳、牢固，各部件连接螺栓锚固是否牢靠；传动部位的防护罩是否完好无损；电箱电线无损坏、保护零线牢固、漏电开关灵敏。

（3）调直钢筋时，长度 5～10m 的两侧 2m 区域内禁止通过，并设置防护栏杆、挂安全标志。

（4）吊运盘钢时应两人配合，并堆放在离机械 5m 远处，防止吊物伤人。

（5）每次调直钢筋的长度，最长不大于 10m。

（6）按所调直钢筋直径，选用适当调直块、曳引轮槽及转动速度。调直块直径应比钢筋直径大 2.5mm，曳引轮槽宽与所调直钢筋直径相同。

（7）调直块的调整：一般调直筒内有 5 个调直块，第 1、5 两个须放在中心线上，中间三个可偏离中心线。先使钢筋偏移 3mm 左右的偏移量，经过调直，如钢筋仍有弯，可逐渐加大偏移量直到调直为止。

（8）切断三、四根钢筋后须停机检查其长度是否合适。如长度有偏差，可调整限位开关或定尺板。见图 1.4.1-8。

图 1.4.1-8　钢筋调直加工

（9）在导向筒的前部应安装一根 1m 左右长的钢管。被调直的钢筋应先穿过钢管再穿入导向筒和调直筒，以防止每盘钢筋接近调直完毕时弹出伤人。

（10）在调直块未固定，防护罩未盖好前不得穿入钢筋，以防止开动机器后，调直块飞出伤人。钢筋在调直过程中，为防止由于氧化铁皮飞扬，污染环境，应采取相应的防尘措施。

（11）钢筋穿入后，手与曳引轮应保持一定距离。

（12）作业中人工抬运调直后的钢筋时，不得碰触电源线。

（13）工作中应经常注意轴承的温度，如超过 60℃时，必须停机查明原因。

（14）进行调直工作时，不准无关人员站在机械附近，当盘钢快用完时，要严防钢筋端头打伤人。

（15）运转中如发现传动部位有异常声响或不正常情况时，应立即停机，拉闸切断电源，报告机修组检修，不得擅自维修。

（16）作业结束后或遇停电时，应切断电源，锁好开关箱。

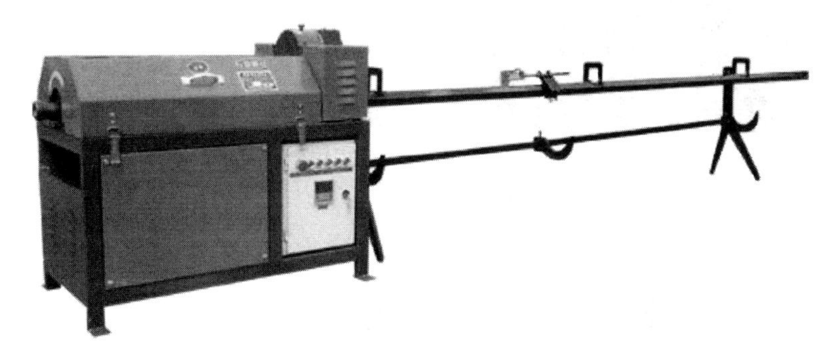

图 1.4.1-9　钢筋调直机

4. 钢筋弯曲机安全操作规程

（1）工作台和弯曲机台面要保持水平，作业前准备好各种芯轴及工具。

（2）按加工钢筋的直径和弯曲半径的要求，装好相应规格的芯轴和成型轴、挡铁轴或可变挡架，芯轴直径应为钢筋直径的 2.5 倍，挡铁轴应有轴套。

（3）挡铁轴的直径和强度不得小于被弯钢筋的直径和强度。不直的钢筋，不得在弯曲机上弯曲。

（4）应检查并确认芯轴、挡铁轴、转盘等完整，安装牢固，无损坏及裂纹，防护罩紧固可靠，经空运转后确认正常方可作业。

（5）作业时将钢筋需弯的一头插在转盘固定销的间隙内，另一端紧靠机身固定销，并用手压紧，检查机身销子确实安在挡住钢筋的一侧，方可开动。加工较长的钢筋时，应有专人帮扶，并听从操作人员指挥，不得任意推拉。见图 1.4.1-10。

（6）作业中，严禁更换芯轴、销子和变换角度以及调整等作

图 1.4.1-10　钢筋弯曲加工

业，亦不得加油或清扫。

（7）在弯曲未经冷拉或带有锈皮的钢筋时，应戴防护镜。

（8）弯曲高强度或低合金钢筋时，应按机械铭牌规定换算最大允许直径并应调换相应的芯轴。

（9）在弯曲钢筋作业半径内的机身不设固定销的一侧严禁站人。弯曲好的半成品应堆放整齐弯钩不得朝上。

（10）对超过机械铭牌规定直径的钢筋严禁进行弯曲。

（11）维修保养或转盘换向时，必须在停稳拉闸断电后进行。

（12）作业后应及时清除转盘及插入座孔内的铁锈、杂物等。见图 1.4.1-11。

1.4.2　混凝土施工用机械作业安全防护

1. 混凝土搅拌机安全要求

（1）混凝土搅拌机应安装在平整坚实的地方，并支垫平稳。操作台应垫塑胶板或干燥木板。见图 1.4.2-1。

图 1.4.1-11　钢筋弯曲机

（2）料斗升起时严禁在其下方作业。清理料坑前必须采取措施将料斗固定牢靠。

（3）进料过程中，严禁将头或手伸入料斗与机架之间察看或探摸。

（4）启动前应检查机械、安全防护装置和滚筒，确认设备安全、滚筒内无工具、杂物。

（5）运转过程中不得将手或工具伸入搅拌机内。

图 1.4.2-1　混凝土搅拌机现场安放

（6）操作人员进入搅拌滚筒维修和清洗前，必须切断电源，卸下熔断器锁好电源箱，并设专人监护。

（7）作业时操作人员应精神集中，不得随意离岗。混凝土搅拌机发生故障时，应立即切断电源。

（8）作业后应将料斗落至料斗坑。料斗升起时必须将料斗固定。见图 1.4.2-2。

图 1.4.2-2　混凝土搅拌机

2. 混凝土输送泵车安全要求

（1）混凝土泵车应停放在平整坚实的地方，支腿底部应用垫木支架平稳。臂架转动范围内不得有障碍物。严禁在高压输电线路下作业。

（2）泵送作业中，操作者应注意观察施工作业区域和设备的工作状态。臂架工作范围内不得有人员停留。

（3）排除管道堵塞时，应疏散周围的人员。拆卸管道清洗前应采取反抽方法，消除输送管道内的压力。拆卸时严禁管口对人。

（4）作业中严禁接长输送管和软管。软管不得在地面拖行。

（5）严禁用臂架作起重工具。

（6）作业中严禁扳动液压支腿控制阀，如发现车体倾斜或其他不正常现象时，应立即停止作业，收回臂架检查，待排除故障后再继续作业。见图 1.4.2-3。

图 1.4.2-3　混凝土输送泵放置

（7）清洗管道时，操作人员应离开管道出口和弯管接头处。如用压缩空气清洗管道时，管道出口处 10m 内不得有人员和设备。

（8）作业中应严格按顺序打开臂架。风力大于六级（含）以上时严禁作业。

（9）泵送作业时，严禁跨越搅拌料斗。

（10）作业时不得取下料斗格栅网和其他安全装置。不得攀登和骑压输送管道，不得把手伸入阀体内。泵送时严禁拆卸管道。

（11）作业前应进行检查，确认安全。搅拌机构工作正常，传动机构应动作准确；管道连接处应密封良好；料斗筛网完好；输送管无裂纹、损坏、变形，输送管道磨损应在规定范围内；液压系统应工作正常；仪表、信号指示灯齐全完好，各种手动阀动作灵活、定位可靠。见图 1.4.2-4。

图 1.4.2-4　混凝土输送泵车

3. 混凝土搅拌运输车安全要求

（1）倒车卸料时，必须服从指挥，注意周围人员，发现异常立即停车。

（2）作业前必须进行检查，确认转向、制动、灯光、信号系统灵敏有效，搅拌运输车滚筒和溜槽无裂纹和严重损伤，搅拌叶片磨损在正常范围内，底盘和副车架之间的 U 形螺栓连接良好。

（3）选择行车路线和停车地点；了解施工要求和现场情况。

（4）作业时，严禁用手触摸旋转的滚筒和滚轮。

（5）严禁在高压线下进行清洗作业。

（6）转弯半径应符合使用说明书的要求，时速不大于 15km；进站时速不大于 5km；在社会道路上行驶必须遵守交通

图 1.4.2-5　混凝土搅拌运输车装卸

规则。

4. 牵引式混凝土输送泵安全要求

（1）垂直管前应装不少于 10m 带逆止阀的水平管，严禁将垂直管直接放在混凝土输送泵的输出口，混凝土输送泵管接头应密封严紧，管卡应连接牢固。

（2）混凝土输送泵应安放在坚实平整的地面上，放下支腿，将机身安放平稳。见图 1.4.2-6。

图 1.4.2-6　混凝土输送泵安放就位

（3）拆卸时严禁管口对人，疏通堵塞管道时，应疏散周围人员。拆卸管道清洗前应采取反抽方法，消除输送管道的压力。

（4）如用压缩空气清洗管道时，管道出口处 10m 内不得有人员和设备，清洗管道时，操作人员应离开管道出口和弯管接头处。

（5）作业前应进行检查，确认电气设备和仪表正常，各部位开关按钮、手柄都在正确位置，机械部分各紧固点牢固、可靠，链条和皮带松紧度符合规定要求，传动部位运转正常。

（6）不得攀登和骑压输送管道，不得把手伸入阀体内工作，严禁在泵送时拆卸管道；作业时不得取下料斗格栅网和其他安全装置。

（7）作业后，将液压系统卸压，将全部控制开关回到原始位置。见图 1.4.2-7。

图 1.4.2-7　牵引式混凝土输送泵

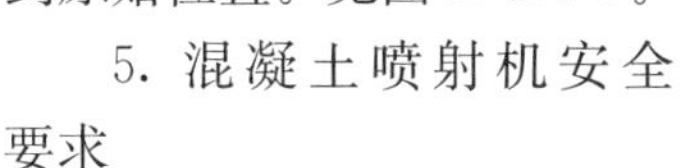

5. 混凝土喷射机安全要求

（1）作业过程中，混凝土喷射机喷嘴前及左右 5m 范围内不得有人，作业间歇时，喷嘴不得对人。见图 1.4.2-8。

（2）作业前应进行检查，输送管道不得有泄漏和折弯，管道连接处应紧固密封，敷设的管道应有保护措施。

（3）输料管发生堵塞时，排除故障前必须停机。

（4）作业时，应先送压缩空气，确认电动机旋转方向正确后，方可向喷射机内加料。见图 1.4.2-9。

图 1.4.2-8　混凝土喷射施工现场

图 1.4.2-9　混凝土喷射机

1.4.3　模板施工用机械作业安全防护

1. 平刨机作业安全防护

（1）模板加工需设置专门的加工车间，平刨机必须有安全防护装置，否则禁止使用。见图 1.4.3-1。

图 1.4.3-1　模板加工车间

（2）刨料时应保持身体稳定，双手操作。刨大面时，手要按在料上面；刨小面时，手指不低于料高的一半，并不得少于 3cm。禁止手在料后推送。

（3）刨削量一般每次不得超过 1.5mm。进料速度保持均匀，经过刨口时用力要轻，禁止在刨刃上方回料。

（4）刨厚度小于 1.5mm 或长度小于 30cm 的木料，必须用压板或推棍，禁止用手推进。

（5）遇节疤要减慢推料速度，禁止手按在节疤上推料。刨旧料必须将铁钉、泥砂等清除干净。

（6）换刀片应先拉闸断电或摘掉皮带。

（7）同一台刨机的刀片重量、厚度必须一致，刀架必须吻合。刀片焊缝超出刀头和有裂缝的刀具不准使用。紧固刀片的螺钉，嵌入槽内，并离刀背不少于 10mm。见图 1.4.3-2。

2. 压刨机作业安全防护

（1）木工机械必须设专人操作，并执行“十字作业法方针”严禁非操作工上机操作。

（2）工作前必须检查电源接线是否正确，各电器部件的绝缘是否良好，机身是否有可靠的保护接地或保护接零，检查刀片安

图 1.4.3-2　平刨机

装是否正确，紧固是否良好，各安全罩、防护器等安全装置是否齐全有效。

（3）压刨床必须用单向开关，不得安装双向开关，三、四面刨应按顺序开动。

（4）使用前必须空车试运转，转速正常后，再经 2～3min 空运转，确认无异常后，再送料进行工作。

（5）机械运转过程中，禁止进行调整、检修和清扫工作，作业人员衣袖要扎紧，不准戴手套。

（6）加工旧料前，必须将铁钉、灰垢、冰雪等清理干净后再上机加工。

（7）操作时必须注意木材情况，遇到硬木、节疤、残茬要适当减慢推料、进料速度。

（8）加工 2m 以上较长木料时应由两人操作，一人在上手送料，一人在下手接料，下手接料者必须在木头越过危险区后方准接料，接料后不准猛拉。

（9）使用木工压刨时，压料、取料人员站位不得正对刨口，以免大料刨削时击伤面部，不同厚度木料不准同时刨削，刨料时，吃刀量不得超过 3mm，操作时应按顺茬顺续送料，续料必须保持平直，如发现材料走横，应速将台面降下，待拨正后再继续工作，刨料长度不准短于前后压辊的中心距离，厚度在 1cm 以下的薄板，必须垫托板，方可推入压刨。

（10）工作完毕，必须将刨末清扫干净，并拉闸断电，锁好电闸箱方准离开。

（11）操作棚（室）内严禁抽烟或烧火取暖，必须设立消防器材及设施。

3. 圆盘锯作业安全防护

（1）锯片上方必须安装安全防护罩、挡板、分料器，皮带传动处应有防护罩。锯片不得连续断齿 2 个，裂纹长度不超过 2cm，有裂纹则应在其末端冲上裂孔（阻止其裂纹进一步发展）。

（2）操作必须采用单向按钮开关，无人操作时断开电源。

（3）圆盘锯必须经过验收，确认符合要求，发给准用证或有验收手续方能使用。设备应挂上合格牌。

（4）操作前应检查机械是否完好，电器开关等是否良好，熔丝是否符合规格，并检查锯片是否有断、裂现象，并装好防护罩，运转方能投入使用。

（5）操作人员应戴安全防护眼镜；锯片必须平整，不准安装倒顺开关，锯口要适当，锯片要与主动轴匹配、紧牢。操作时，操作者应站在锯片左面的位置，不应与锯片站在同一直线上，以防木料弹出伤人。

（6）木料锯到接近端头时，应由下手拉料进锯，上手不得用手直接送料，应用木板推送。锯料时，不准将木料左右搬动或高抬；送料不宜用力过猛，遇木节要减慢进锯速度，以防木节弹出伤人。见图 1.4.3-3。

（7）锯短料时，应使用推棍，不准直接用手推，进料速度不得过快，下手接料必须使用刨钩。剖短料时，料长不得小于锯片直径的 1/3。截料时，截面高度不准大于锯片直径的 1/3。

（8）锯线走偏，应逐渐纠正，不准猛扳，锯牌运转时间过长，温度过高时，应用水冷却，直径 60cm 以上的锯片在操作中，应喷水冷却。木料若卡住锯片时，应立即停车、断电后处理。

图 1.4.3-3　圆盘锯现场操作

1.4.4　其他施工用机械作业安全防护

施工机械安全防护一般规定：（1）各种机械设备的操作人员，都必须经过专业与安全技术培训，经有关部门考核合格方准上岗。严禁无证人员操作。（2）各种机械操作人员，必须懂得所操作机械的性能、安全装置。熟悉安全操作规程，能排除一般故障和日常维护保养。（3）工作时，操作人员必须穿戴好防护用品，集中思想、服从指挥、谨慎操作，不得擅离职守或将机械随意交给他人操作。（4）交付现场使用的机械设备，必须性能良好，防护装置齐全，生产及安全所需备品配套，并经设备部门和现场负责人认可，方能使用。（5）起重机行驶与停置时，必须与沟渠、基坑、输电线保持规定的安全距离（按计算）。（6）机械设备进入作业点，单位工程负责人应向操作人员进行作业任务和安全技术措施的详细交底。

2 施工现场职业卫生

2.1 绿色施工

2.1.1 绿色施工管理

1. 绿色施工组织体系

项目部根据环境与职业健康安全管理体系和绿色施工导则的要求，持续改进，坚持污染预防、危害防治和节能降耗的原则，将体系作为一个系统的框架，进行不间断的监测和定期评审，以适应变化着的内、外因素与要求，有效开展环境保护和绿色施工活动，项目每一个员工都须为改善环境、节约能源做出自己的努力。

项目环境保护及绿色施工管理网络图见图 2.1.1-1。

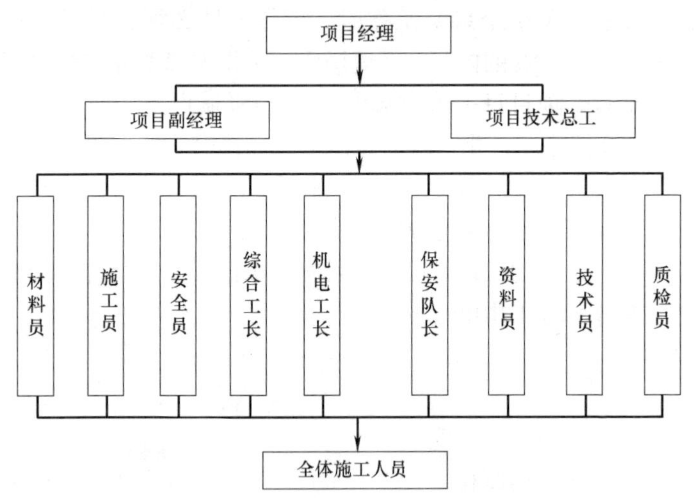

图 2.1.1-1 项目环境保护及绿色施工管理网络图

2. 绿色施工目标

(1) 噪声达标：

结构施工：白天＜70dB，夜间＜55dB。

装修施工：白天＜70dB，夜间＜55dB。

（2）现场扬尘排放达标：现场施工扬尘排放达到当地环保机构的粉尘排放标准要求。

（3）运输遗撒达标：确保运输过程无遗撒。

（4）生活及污水达标排放：生活污水中的COD达标。

（5）施工现场夜间无光污染：施工现场夜间照明不影响周围社区。

（6）最大限度防止施工现场火灾、爆炸的发生。

（7）固体废弃物实现分类管理，提高回收利用量。

（8）项目经理部最大限度节约水电能源消耗。

（9）节约纸张消耗，保护森林资源。

3. 绿色施工管理方案

（1）项目部根据环境与职业健康安全管理体系和绿色施工导则的要求，持续改进，坚持污染预防、危害防治和节能降耗的原则，将体系作为一个系统的框架，进行不间断的监测和定期评审，以适应变化着的内、外因素与要求，有效开展环境保护和绿色施工活动，项目每一个员工都需为改善环境、节约能源做出自己的努力。

（2）节约施工用水和工地生活用水。所有用水部位都应有节水措施，使用节水型产品和安装计量装置第一年达50%，并逐年提高，有条件的工地要充分实施水资源的循环使用。

（3）节约施工用电和工地生活用电。所有施工使用用电设备应科学合理使用，使用节能设备和施工节能照明工具达80%以上；生活照明和其他用电器具应合理配置和管理，严禁使用电炉及非节能型的大功率用电器具。

（4）节约使用原材料。工程原材料用量低于国家规定标准，三材平均节约率达2%以上。工地应有原材料综合利用计划，因地制宜采用粉煤灰、矿渣、石粉等固体废弃物和施工余料、现场建筑废弃物的回收再利用。

（5）合理规划工地临房、临时围墙、施工便道及硬地坪，做到文明施工不铺张、不浪费。采用可重复使用的材料，施工工地使用率要达到70%以上。

(6) 依靠科技进步，技术创新。采用新技术，新工艺，节约钢材、水泥、木材等基础材料，进行单独统计，按万元产值计算节约率。

(7) 项目部进行项目内部培训需求识别，参与公司组织的培训，并对参与项目施工的分包队伍进行环境保护及绿色施工的教育和交底。

项目部技术负责人——对各班组班长、分包单位开工后进行上岗前培训；根据进度和环境保护及绿色施工控制情况进行提高培训。

项目部技术员、施工员、安全员——加强进场三级教育，做好对施工人员在施工前进行教育和交底。

班组长、分包单位——每天对操作工人开展上岗前的交底与教育，每周进行讲评。

4. 绿色施工执行与评价管理

成立绿色施工执行小组，落实各级环境保护及绿色施工职责和责任：

(1) 项目经理：全面落实环境保护及绿色施工各项管理工作，建立项目责任制，完成既定的目标和指标。

(2) 项目副经理：组织相关人员按照环境保护及绿色施工责任要求实施，并进行自查、讲评、改进，对分包队伍实施管理。

(3) 项目技术总工：对本工程的环境因素进行辨识，编制环境保护及绿色施工专项方案，制定项目环境保护及绿色施工技术措施，执行环境保护及绿色施工规范和标准，防止环境污染、施工扰民和职业危害。

(4) 安全员：负责工地环境保护及绿色施工宣传、教育，设置环境保护及绿色施工公告告示牌，开展日常监控与检查，加强施工过程中环境保护及绿色施工的现场管理。收集本项目情况信息并予以反馈。

（5）技术员、资料员：负责环境保护及绿色施工各类数据的统计和收集，进行对比分析。

（6）材料员：对进场材料进行验收和数量核对，建立原材料进场和耗用台账，逐月和分阶段统计消耗数量，定期与技术员、资料员预算数对比，掌握材料消耗情况。

（7）施工员、质检员：熟悉图纸和规范要求，精心组织施工，加强对施工质量的控制，组织落实各项环境保护及绿色施工措施和现场布置。

（8）机电工长：对进场设备进行验收，建立项目部设备管理台账，按照公司和项目部机械设备管理制度进行维修保养，提高设备完好率。

（9）专职电工：落实水电方面的节能措施，规范用水、用电的标准，按规定进行计量统计，督促节水、节电工作的落实。

2.1.2 环境保护措施

1. 现场扬尘的防治措施

（1）现场施工道路、材料堆场及加工场地、生活区、办公区等进场场地硬化，其余临时用地进行绿化。项目部设专人负责工地扬尘的治理工作，采用洒水、围挡、遮盖或喷洒覆盖剂等有效措施压尘、降尘，使施工现场的扬尘减少到最低限度。见图2.1.2-1～图2.1.2-3。

图2.1.2-1　道路喷淋

图2.1.2-2　围挡喷淋

（2）对于现场堆土，必须采用覆盖、固化或绿化措施，配备洒水设备，做好降尘、压尘工作。遇有四级以上大风天气，应停止土方施工，以免引起大面积扬尘。见图 2.1.2-4，图 2.1.2-5。

图 2.1.2-3　塔吊喷淋

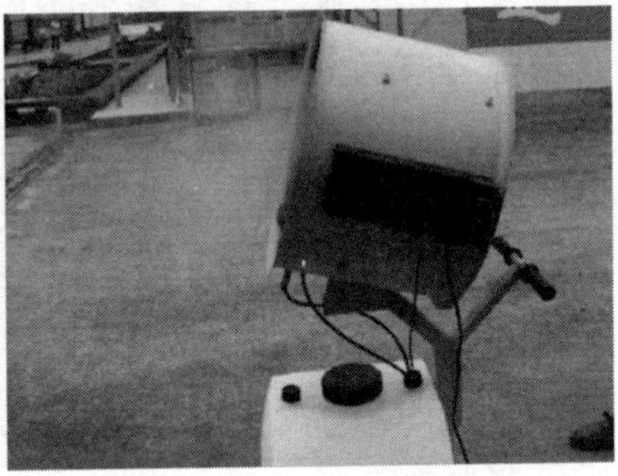

图 2.1.2-4　现场移动喷淋

（3）车辆出工地必须进行冲洗，禁止车轮带泥上路，工地出口派专人进行保洁。见图 2.1.2-6。

图 2.1.2-5　裸土覆盖

图 2.1.2-6　车辆冲洗

（4）粉状建材的运输、装卸、堆放和使用：

运输时要防止遗撒、飞扬；装卸时要稳拿轻放，码放整齐；堆放时要按排在库内堆放或遮盖，露天的砂石、水泥、石灰等粉状、粒状建材要做好遮盖工作；混凝土搅拌时应在周围设置有效的围挡。见图 2.1.2-7，图 2.1.2-8。

（5）在切割混凝土、大理石、面砖等块体材料时，宜采用湿作法或吸尘措施。见图 2.1.2-9。

图 2.1.2-7　封闭式水泥堆场

图 2.1.2-8　砂石堆场覆盖安全网

（6）高层或多层建筑清理施工垃圾，需搭设封闭式临时专用垃圾道，或采用容器吊运，严禁随意抛撒，施工垃圾应及时清运，适量洒水，减少扬尘。

（7）拆除旧有建筑或临时设施时，应采取有效的扬尘控制措施。见图 2.1.2-10。

图 2.1.2-9　块材切割室

图 2.1.2-10　拆迁现场洒水降尘

2. 大气污染的控制措施

（1）大气污染物的产生主要分布：

在场地平整、土石方施工、混凝土搅拌、板材切割、渣土运输、材料装卸等活动中所产生的粉尘，装修材料本身排放的污染物，车辆运输过程所产生的汽车尾气，以及沥青熬制时排放的沥青烟气等。

（2）废气的防治

1）除有符合规定的装置外，不得在施工现场熔化沥青和焚烧油毡、油漆，也不得焚烧其他产生有毒有害和恶臭气味的废弃物。

2）室内环境污染物应通过控制材料和施工来降低有害污染物的浓度。这些污染物包括氡、游离甲醛、苯、氨、TVOC等。

（3）车辆尾气的防治

车辆必须经交通部门检测合格方能使用，尾气排放必须符合国家标准。驾驶人员应做好车辆例行保养工作，使用无铅汽油等油质较好的燃油，保证混合气充分燃烧。

（4）大气污染监测

1）定期委托当地环保部门对大气污染排放进行监测。

2）当监测结果超过有关排放标准时，项目部应立即整改。

3. 建筑垃圾控制措施

（1）建筑垃圾的分类

1）在施工过程中所产生的危险废物主要有：废机油、沥青渣、环氧树脂废物、废油漆、废涂料、废脱模剂、废胶水、废酸、废碱液、废石棉瓦、废电池。

2）不可回收利用的一般固体废物：指在建筑施工活动中所产生的不可回收利用的固体废物（如建筑垃圾、铁锈、焊渣、一般建材包装物等）。

3）可回收利用的一般固体废物：指在建筑活动中所产生的可回收利用的固体废物（如钢材边角料、木材边角料及锯末、刨花、建材包装箱等）。

4）生活、办公垃圾：指各公司、项目部人员在办公和日常生活中产生的固体废物。

（2）建筑垃圾的标识

对危险废物、不可回收利用一般废物、可回收利用一般废物、生活和办公垃圾进行分类标识。见图2.1.2-11，图2.1.2-12。

图 2.1.2-11　垃圾分类存放

图 2.1.2-12　办公垃圾分类存放

（3）建筑垃圾的收集

1）根据废物分类设置临时放置点，并设明显标识，对危险废物临时存放处还要配备有标识的废物容器。

2）废物临时存放点应指定专人管理，由指定人员负责联系将废物运输到指定的集中存放场所，并分类放置。对废弃物应采取防扬散、流失，防渗漏或其他防止污染环境的措施，不得在运输过程中沿途丢弃、遗撒废物。

（4）建筑垃圾的管理与处置

1）对废物贮存的设施、设备和场所，责任部门应加强管理和维护，保证其正常运行和使用。

2）危险废物的管理与处置

危险废物必须按照危险废物特性分类进行收集、贮存，禁止混合收集、贮存、运输不相融未经安全性处理的危险废物。

收集、贮存、运输危险废物的场所、设施、设备和容器、包装物转作他用时，必须经过消除污染处理，采取有效措施，防止造成二次污染。

收集、贮存的危险废物委托合格承包方进行处置。项目部应要求承包方提供营业许可证明、当地环保局颁发的许可证等有效证件，并与之签订委托处理危险废物协议，明确双方职责和在运输、利用及处置过程中的要求和注意事项。

3）可回收利用的一般废物经收集后，按照不同种类，分别存放到临时存放点，由项目部统一安排，或内部利用或外销处置。

4）不可回收利用的一般废物经收集分类后，其中一部分如灰渣、混凝土块、碎砖等无污染物在当地规定可以回填或挖坑深埋的，采取就近处理。严禁将有毒有害的危险废弃物作土方回填；其他不可回填的一般废物按有关要求委托当地渣土分包方或环卫部门外运，集中处理。

5）生活、办公垃圾由各部门、项目部组织收集、临时存放或委托当地环卫部门处置。生活、办公垃圾尽量袋装，及时放入垃圾箱中。见图 2.1.2-13。

图 2.1.2-13　建筑垃圾集中堆放

（5）实施固体废物减量化、资源化、无害化管理

1）项目部应尽量减少废物产生量，特别是危险废物产生量。

2）可回收利用的废物应积极回收利用。

3）对产生的废物应尽量采取无害化处置。

4. 化学危险品控制措施

（1）预防对象

施工现场常用的化学危险品包括油类、油漆、涂料、沥青、乙炔气体、环氧树脂、石油液化气、香蕉水、氧气、建筑胶、生漆、防锈漆等。

（2）化学危险品的购买

依据生产和生活需求，向合格的供应方采购，并要求供应方提供材料安全数据表。

（3）运输管理

化学危险品由供应方运输，运输危险品的车辆必须设置危险品识别标志，禁止危险品混入非危险品中运输。

（4）储存管理

1）化学危险品必须储存在专用仓库、专用场地或储存室（柜）内，并设专人管理。储存仓库内严禁吸烟和使用明火，并有防止泄漏的预防措施。见图 2.1.2-14。

2）化学危险品专用仓库应当符合有关安全、防火规定，并根据物品的种类、性质设置相应的通风、防潮、防高温、防爆、防火、报警、灭火等安全设施。

3）化学危险品应当分类存放，标识清楚，不能混放。物品之间的主要通道应保持一定的安全距离，不得超量储存。见图 2.1.2-15。

图 2.1.2-14　危险品隔离存放

图 2.1.2-15　有毒有害物分开存放

4）化学危险品入库前，库房管理员必须进行检查登记，入库后应当定期检查。

（5）使用管理

1）项目部应控制各种化学危险品的使用量，做到限量购买和领用。对化学危险品的包装物的处置应执行《固体废物管理程序》。

2）化学危险品的发放应由专人负责，并做好领用物品名称、数量、领用人、领用日期等记录。

3）使用化学危险品的单位和个人，必须遵守各项安全生产制度和操作规程，必须配备安全防护措施和用具。

（6）预防措施及紧急情况的处置

1）化学危险品保管使用人员应了解化学危险品的性质和应急措施。

2）在使用过程中，根据化学危险品的性能，正确使用劳动保护用品和防毒用具，预防对人体和环境的危害。

3）一旦发生中毒、着火等紧急情况时，应立即组织力量就地采取抢救措施。

5. 强光污染扰民控制措施

（1）强光照明灯具必须配有防眩光罩，防止强光射入民宅。见图 2.1.2-16。

（2）照明光束必须俯射施工作业面，严禁平射设置。

（3）禁止工地内灯光直射围墙作为防盗措施。

（4）对于电弧焊、闪光对焊、金属切割等造成光污染的施工部位，采取遮挡措施，作业方向背对场外住宅区。见图 2.1.2-17。

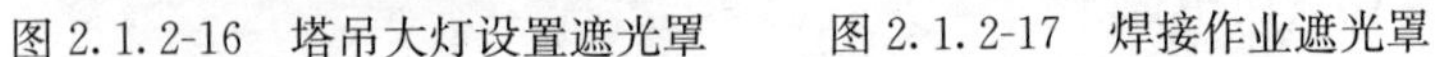

图 2.1.2-16　塔吊大灯设置遮光罩　　图 2.1.2-17　焊接作业遮光罩

（5）夜间施工照明，背向场外住宅区，并采取遮光措施。

（6）外架搭设尽量提前，采用密目网全面封闭，减少光污染。

6. 噪声污染控制措施

(1) 噪声的防治

1) 在工程开工以前，向当地环保主管部门申报该工程的项目名称、施工期限、可能产生的噪声污染以及所采取的防治措施，获得许可后施工。

2) 在噪声敏感建筑物周围，除应急抢险等应急任务外，禁止夜间进行噪声大的作业；工艺上要求连续作业，确需在夜间进行有噪声污染的作业时，应事先填写申请表，报经环保部门审批，核发《夜间作业许可证》后方可施工。见图 2.1.2-18。

夜间连续作业申请表

<table>
<tr><td>建设单位及工程名称</td><td colspan="5"></td></tr>
<tr><td>施工单位</td><td colspan="2"></td><td>建筑面积</td><td colspan="2"></td></tr>
<tr><td>合同开、竣工日期</td><td colspan="2"></td><td>桩基基础</td><td colspan="2"></td></tr>
<tr><td>工程地点</td><td colspan="2"></td><td>结构层次</td><td colspan="2"></td></tr>
<tr><td>申请夜间作业的时间</td><td colspan="2"></td><td>浇筑混凝土量</td><td colspan="2"></td></tr>
<tr><td colspan="3">申请理由：</td><td colspan="3">审查情况：</td></tr>
<tr><td>建设单位</td><td>（章）
年 月 日</td><td>施工单位</td><td>（章）
年 月 日</td><td>环保部门意见</td><td>（章）
年 月 日</td></tr>
</table>

图 2.1.2-18 夜间连续作业申请表

3）噪声排放标准：

在施工过程中，所排放的施工噪声应当符合《建筑施工场界环境噪声排放限值》GB 12523—2011（见表 2.1.2-1）：

建筑施工场界噪声限值 **表 2.1.2-1**

施工阶段	主要噪声源	噪声限值(dB)	
		昼间	夜间
土石方	推土机	70	55
打桩	各种打桩机等	70	禁止施工
结构	混凝土搅拌机、振动棒、电锯等	70	55
装修	吊车、升降机等	70	55

4）噪声的控制：

施工噪声主要有：推土机、挖掘机、装载机、打桩机、混凝土搅拌机、振动棒、电锯、塔吊、升降机、电焊机、拆装制作过程中大锤的使用等机械设备噪声，材料在装卸、堆放过程中产生的噪声，车辆运输过程产生的噪声以及其他噪声。

项目部应对噪声源的重点设施、设备采取合理安排布局。混凝土输送泵、电锯等施工机械的布置位置要尽可能远离居民集聚的方位。

5）减少作业时间：

严格控制作业时间，尽量安排到白天作业；夜间施工严禁使用电锯，钢筋切割机、风镐等高噪声设备；夜间混凝土浇筑施工时宜采用低噪声环保型振动棒。

施工现场的强噪声机械如：搅拌机、电锯、电刨、砂轮机等，施工作业尽量放在封闭的机械棚内；有条件的项目部可采用隔声材料对机械棚封闭。

对处于强噪声环境下的施工人员，项目部应发放耳塞、耳罩等防护用品，减少他们在噪声环境中的暴露时间。

材料运输应尽可能安排在白天进行，车辆进出工地要对驾驶员交底，要小心行车、尽可能缓行。不猛加油门、不鸣喇叭，以免产生大量的噪声。

金属材料装卸时，项目部应向装卸工作好交底，要求轻拿轻放，降低噪声，禁止敲打、抛扔铁器。

6）人为噪声控制

项目部应对施工人员进行环保、文明施工教育，增强全体施工人员防噪声扰民的自觉意识，尽量减少人为的大声喧哗。如：白天夜间都不许大声喧哗或敲打铁器；严禁聚众喧哗、酗酒、打架、斗殴、聚众赌博；夜间出入居民区不许大声喧闹等。

（2）噪声监测

1）定期和分阶段进行施工噪声监测，必须包括基础、结构和装饰阶段噪声污染最严重的时期。

2）项目所在地有居民对工程排放噪声投诉时，项目部应立即对工程排放噪声进行监测。当监测结果超过有关标准时，要立即落实人员整改，直至达标为止。如居民仍不满意，可请当地环保部门进行验证。见图 2.1.2-19，图 2.1.2-20。

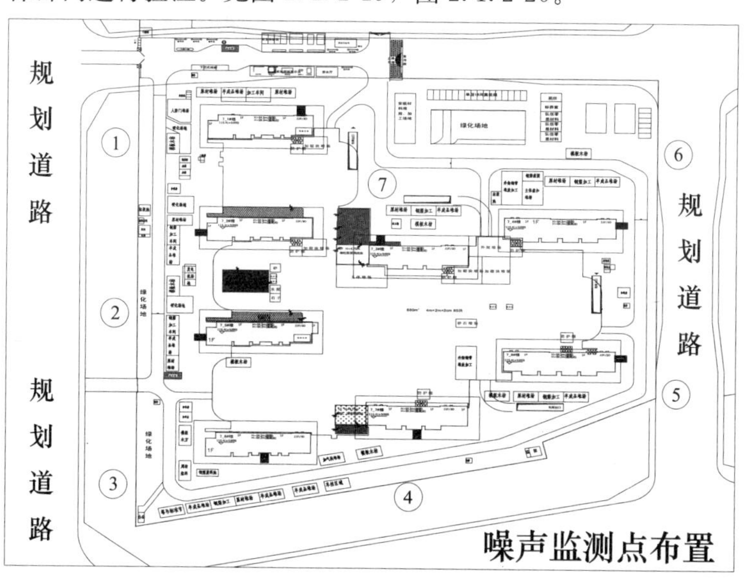

图 2.1.2-19　噪声监测点布置图

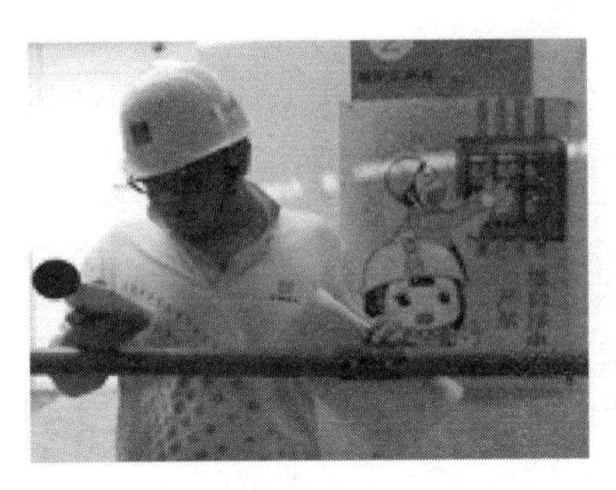

图 2.1.2-20　噪声监测

7. 地下设施、文物和资源保护

为保证在施工中不破坏地下管线、设施，施工前与业主、设计单位及管线、设施管理单位取得联系，并及时向甲方索取施工区域内原有管线位置图，详细调查现况管线位置、埋深、走向，根据现况管线的性质、管径大小制定相应的悬吊、包封等加固保护措施，报业主和监理批准后，进行管线保护或移除。

管线移除前，按原有管线位置图进行正确定位放线，与施工交叉处，提前做好改线准备。并在挖孔时要随挖随测，快达到地下管线位置时，要轻挖轻放，及时清运余土，保证管线不受破损。

在施工中发现古墓、古建筑遗址等文物及化石或其他有考古、地质研究等价值的物品时，立即保护好现场并于 4h 内以书面形式通知监理工程师或业主代表，监理工程师或业主代表于收到书面通知后 24h 内报告当地文物管理部门，并按国家、大连文物管理部门的要求采取妥善保护措施，不得隐瞒不报，致使文物遭受破坏。

施工中发现影响施工的地上、地下设施障碍物时，于 8h 内以书面形式通知监理工程师或业主代表，同时提出处置方案，待监理工程师、业主确定处理方案后。见图 2.1.2-21，图 2.1.2-22。

8. 水污染控制措施

现场交通道路、材料堆放场地及搅拌站统一规划排水沟，控制污水流向，设置沉淀池，将污水经沉淀后，再排入市政污水管线，严防施工污水直接排入市政污水管线或流出施工区域，污染环境。见图 2.1.2-23。

图 2.1.2-21　主要文物古迹保护

图 2.1.2-22　现场树木护栏

加强对现场存放油料的管理，对存放油料的库房，进行防渗漏处理，采取有效措施，在储存和使用中，防止油料跑、冒、滴、漏污染水体。

项目部每年请区环保部门对施工现场的水污染进行一次检测；每月派专人检查水处理设施的完好程度，并做好记录。

（1）地泵、搅拌机的废水排放控制

1）凡在施工现场用地泵进行混凝土浇筑，必须在地泵前及运输车清洗处设置二次沉淀池。见图 2.1.2-24。

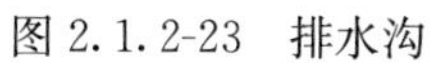

图 2.1.2-23　排水沟

图 2.1.2-24　洗泵用水三级沉淀池

2）混凝土罐车卸完混凝土后在材料室前固定的场所进行清洗，废水经二次沉淀，最后排入市政污水管道。

3）地泵及地泵管道进行冲洗后，最后排入市政污水管道。现场砂浆搅拌设固定的搅拌棚，并在就近设置沉淀池。

4）现场产生的污水必须经二次沉淀后，方可排入市政污水管线或回收用于洒水降尘。未经处理的泥浆水，严禁直接排入城市排水设施，见图 2.1.2-25。

（2）洒水降尘用水的控制

用于楼层洒水降尘的水应控制好水的用量，避免由于用水过多造成地面积水，浪费水源。

（3）卫生间试水用量的控制

做卫生间试水试验时及时做好水量的控制和吸水作业。

（4）乙炔发生罐污水排放控制

施工现场由于气焊使用乙炔发生罐产生的污水严禁随地倾倒，要求专用容器集中存放，倒入沉淀池处理，以免污染水。

（5）生活区生活污水的控制

生活区生活污水经隔油池、化粪池处理后方可排入市政污水管网。见图 2.1.2-26。

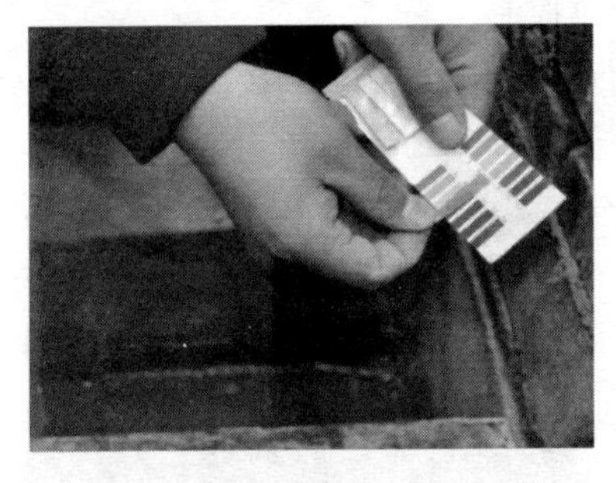

图 2.1.2-25　污水检测合格后排入市政污水管道

图 2.1.2-26　隔油池

9. 土壤保护措施

（1）土地补偿恢复措施

1）尽量减少施工期临时占地，合理安排施工进度，缩短临时占地使用时间。

2）各种临时占地在工程完成后应尽快进行植被及耕地的恢复，做到边使用，边平整，边绿化，边复耕。

3）使用荒地或其他闲散地时也应及时清理整治、恢复植被，防止土壤侵蚀。

（2）取、弃土场的生态保护措施

根据前面生态环境影响中对取、弃土场的分析，取、弃土场的设置对当地生态环境、基本农田的保护和水土保持有着重要作用，为避免或尽量减少工程对取、弃土场的不利影响，建议工程施工中采取以下措施：

1）工程建设所需要的取土场必须取得国家和当地政府的批准文件，严格禁止非法取土和随意弃土，以免对国有土地资源造成损失。

2）在取土前，应做到把20～30cm厚的耕地表土推至一边堆放储存，待取土结束后平整土地时回归耕层表土，规模较大的取、弃土场施工期间应采取一定的防护措施（如挡土墙、排水沟等）防治水土流失。

3）如对现有取土场进行深挖取土时，要结合当地现状决定取土深度，以避免难于恢复的情况发生，取土后应及时复耕，以补偿取土时造成的耕地损失。

4）对于采取恢复措施后由于地势关系（如过深或坡度过大）不能种植普通作物的取、弃土场。

（3）防治水土流失措施

1）开挖过程中，应采用平台式阶梯状取土施工法，严禁沿坡随意开挖取土。

2）在填挖过程中，尽量保持周围植被不被破坏，在工程建设的同时，抓紧界内的植被恢复。见图2.1.2-27。

3）工程施工时，尽量做到随挖、随运、随铺、随压，以减少施工阶段的水土流失。

4）工程施工中应做好综合排水设计。

（4）其他生态环境保护措施

1）减少施工作业区内的草地、灌木丛的破坏，施工营地不设在林地，教育施工人员不毁林，不损坏营地以外的地表植被。

见图 2.1.2-28。

图 2.1.2-27　场区植被绿化

图 2.1.2-28　树木保护措施

2）对沿线自然水流形态予以保护，应保证不淤、不堵、不漏，不留工程隐患，不得堵塞、隔阻自然水流。做好施工组织设计，保证施工期间的自然水流形态，施工便道设置必要的过水构造物，跨河便道宜设置便桥，工程完成后予以拆除，季节性河流河床内施工便道不宜高出原地面，以避免洪水期影响泄洪。施工时不得压缩河道原宽度。

3）跨越河、沟、渠的桥梁原则上不得改变水流的主流方向，施工时保证泄洪能力，墩台施工后开挖部分应回填至原地面线，过水涵洞应及时清淤，以保障灌溉水系的畅通，可与河渠清淤同步进行。

（5）植被及土地资源保护

土地是最基本的资源，是不可替代的生产要素。对土地资源的开发、利用与保护是经济发展的前提。在工程建设中对土地资源的合理利用与保护主要体现在以下几个方面：

1）尽量减少工程施工过程中对土地资源的永久性占有与利用，对于设计存在的部分占地进行调查与分析，提出合理化建议与改进措施。

2）对于施工期间内临时用地（包括施工便道、施工占地等）在工程施工完成后要复耕。

3）工程施工期间对道路两侧的农田要采取相关措施予以保

护，部分影响严重的土地要进行改良。

4）严格按照批准的占地范围使用临时用地，不随意搭建工棚、临时房屋等，保护公路用地范围外的现有绿化植被。

5）减少水土流失和地质灾害的发生。

2.1.3 节材、节水、节能、节地措施与管理

1. 节约能源措施与管理

（1）利用组织学习、黑板报、宣传标语等各种宣传形式，向全体管理人员和生产工人宣传节能工作的意义、作用和有关常识，使大家充分认识节约水、电、钢筋、混凝土木材等各种建材和生活消耗资源的重要性，提高各级节能意识，做到时时、处处节能。见图 2.1.3-1。

（2）制定适合本工程的节约水、电、钢筋、混凝土等以及废旧物质循环利用等一系列规章制度和相关措施，并努力做到检查落实到位，定期考核，从制度层面上杜绝可能造成能源浪费的各种现象。

图 2.1.3-1 宣传标示、标语

（3）全面推行周转设备材料由分包单位消耗包干，实行节奖超罚，同时充分利用公司内部自有物资，包括大型机械、钢管脚手、木料夹板等，合理调剂，减少损耗和浪费。见图 2.1.3-2。

（4）加强各类专业分包优质队伍的引进，价格信息行情的收集和分析，实行大宗材料集中比价采购，完善公司价格信息平台，为项目分包队伍选择和成本控制提供条件。

（5）按照《关于进一步做好建筑业 10 项新技术推广应用的通知》的要求，积极推广使用新技术、新材料、新工艺和新产品。

（6）项目部在施工现场入口处，设立“节约型工地节能降耗

限额领料单

领料单位：淮安某宇　　　　　　　　　　　　　　　　发料仓库：项目部仓库

工程项目	工程部位	材料名称	规格型号	计划用量	额定损耗百分比	领用限额	实发		
							数量	单价	金额
工程部	首层至三层	直螺纹套筒	Φ32	3907个	1%	3950个	3920个	5.82元	22805.6元

日期	领用			退料			限额结余数量
	数量	领用人	发料人	数量	退料人	收料人	
2013.6.5	1800个	袁大庆	郁胜鑫	0	—	—	2150个
2013.6.10	1300个	袁大庆	郁胜鑫	0	—	—	850个
2013.6.21	850个	袁大庆	郁胜鑫	18个	袁大庆	郁胜鑫	18个
〈	〈						

部位施工员：袁大庆　　　　生产计划员：王志恩　　　　仓库管理员：郁胜鑫

计算公式：1. 领用限额=计划用量×(1+额定损耗百分比)；2. 限额结余数量=领用限额-领用数量+退料数量。

图 2.1.3-2　限额领料单

告示牌”，公示本工程创建节约型工地的责任人、目标、能源资源分解指标、主要措施等内容，对社会公示，接受社会各方的监督。

图 2.1.3-3　LED 节能灯具

(7) 节约施工用电和工地生活用电。所有施工使用用电设备应科学合理使用，使用节能设备和施工节能照明工具达 80%以上；生活照明和其他用电器具应合理配置和管理，严禁使用电炉及非节能型的大功率用电器具。见图 2.1.3-3。

(8) 使用符合《施工现场临时用电安全技术规范》JGJ 46—2005 标准的新型安全电箱，施工区域实行分域供电，并按照计量电表，既保证安全用电，又降低能耗。见图 2.1.3-4。

(9) 响应市政府节能号召，提倡全员节能。项目部规定：办公室空调夏天制冷不低于 26℃，冬天制热不高于 20℃，人离开办公室较长时间的话，应关闭空调和室内照明。见图 2.1.3-5。

图 2.1.3-4 用电器具分区设置配电计量箱

图 2.1.3-5 变频空调

(10) 大型设备选型在满足施工要求的前提下，尽量选用较小功率的设备。合理安排机械设备的使用计划，大型设备尽量做到满负荷，提高使用、运行效率，电焊机 100%安装空载保护器，减少由于电焊机空载状态下的能源损失，有效减少电量的浪费。

(11) 楼梯防护栏杆、洞口、临边防护栏杆、各类防护门及施工用电电箱、支架、施工照明灯架采用工具式定型化，装拆方便，可反复利用。见图 2.1.3-6。

(12) 办公区域临时设施采用彩钢板活动房，可反复搭设使用。见图 2.1.3-7。

(13) 利用废旧油桶，自制洒水小推车；利用钢筋余料，制作氧气、乙炔瓶手推车；利用废旧方木、木板，制作灭火器箱、洞口盖

图 2.1.3-6 定型化防护

板等。见图 2.1.3-8。

图 2.1.3-7　可周转临建板房

图 2.1.3-8　自制洒水车

2. 节约用水措施与管理

（1）为了节约水资源，防治水污染，保护和改善环境，以保障职工健康。

（2）节约施工用水和工地生活用水。所有用水部位都应有节水措施，使用节水型产品和安装计量装置第一年达 50%，并逐年提高，有条件的工地要充分实施水资源的循环使用。

（3）施工、办公室分路供水，设置分路水表进行计量。见图 2.1.3-9。

（4）广泛使用节水型产品，如在办公、生活区厕所、洗碗处采用节水型水龙头、手拉式冲水水箱、脚踏式淋浴开关等。见图 2.1.3-10。

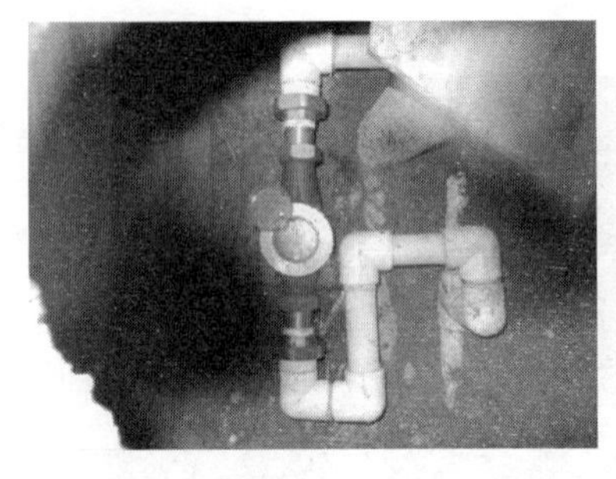
图 2.1.3-9　生活、施工用水分区计量

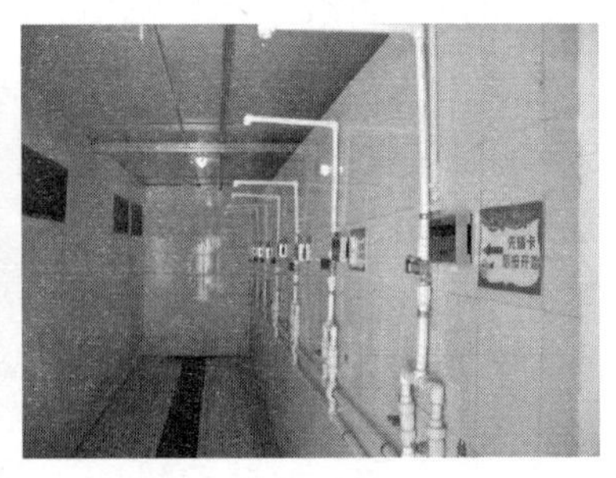
图 2.1.3-10　节水器具

（5）在总平面布置时，充分考虑水循环综合利用，建立排水系统，设置排水沟、集水井、沉淀池、循环水池和高位水箱，充分利用基坑降水，用于控制扬尘、施工现场道路、厕所和进出车辆轮胎冲洗。见图 2.1.3-11。

（6）加强对用水设备的日常检查和维修保养，杜绝跑、冒、滴、漏的浪费现象。见图 2.1.3-12。

图 2.1.3-11　基坑降水用作消防用水

图 2.1.3-12　定期检修阀门

（7）建立雨水收集再利用系统。见图 2.1.3-13。

（8）现场水平结构混凝土采取覆盖薄膜的养护措施，竖向结构采取刷养护液养护，试块养护采用雾化养护，杜绝了无措施浇水养护；对已安装完毕的管道进行打压调试，采取从高到低、分段打压，利用管道内已有水循环调试。见图 2.1.3-14，图 2.1.3-15。

图 2.1.3-13　雨水收集系统

图 2.1.3-14　竖向结构覆膜养护

3. 节约材料措施与管理

（1）板材余料合理利用，现场制作尾料制作简易爬梯、尾料制作马凳筋、外架踢脚板、泵管支座、混凝土及楼梯护角、预埋件、梯子筋、垃圾回收箱等。见图 2.1.3-16～图 2.1.3-18。

图 2.1.3-15　混凝土试块雾化养护

图 2.1.3-16　钢筋尾料制作简易爬梯

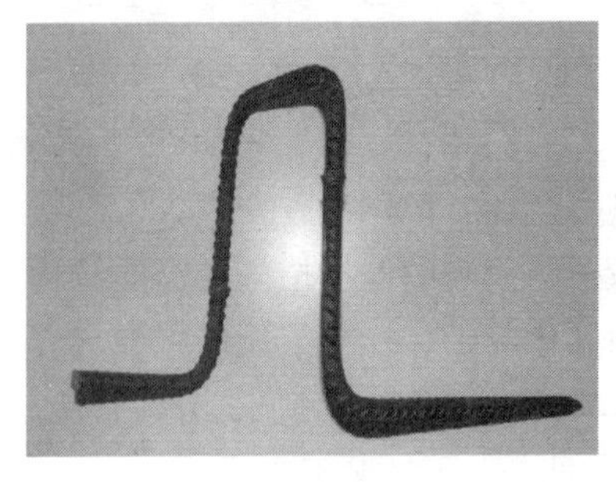

图 2.1.3-17　钢筋尾料制作马凳筋

图 2.1.3-18　钢板余料制作预埋件

（2）合理规划工地临房、临时围墙、施工便道及硬地坪，采用工具式、标准化材料，做到文明施工不铺张、不浪费。采用可重复使用的材料，施工工地使用率要达到 70% 以上。见图 2.1.3-19，图 2.1.3-20。

（3）依靠科技进步，技术创新。采用新技术，新工艺，节约钢材、水泥、木材等基础材料，进行单独统计，按万元产值计算节约率。见图 2.1.3-21。

（4）合理安排工序，尽量做到流水作业，落实班组做好模板的清理工作，增加模板的周转次数。

（5）根据施工进度计划编制材料用量计划，科学计量，合理安排，减少资金占用和库存，防止停工待料，减少了材料浪费。

图 2.1.3-19　定型化加工棚

图 2.1.3-20　工具式临边防护

（6）混凝土浇捣时，严格控制构件模板支模尺寸；超用部分余料主要用于小构件，如过梁、钢筋保护层垫块、门窗边墙体预留混凝土块及施工道路的修补等。见图 2.1.3-22。

图 2.1.3-21　采用 BIM 技术进行节点优化设计

图 2.1.3-22　混凝土余料制作混凝土板

（7）加气块、瓷砖等块材，施工前做好技术交底与排版，施工过程中加强监控，精心施工，做好落手清工作，不浪费原材料。见图 2.1.3-23。

（8）加强工具间及低值易耗品的管理，建立发放领用制度，节约使用办公用品，工具实行以旧换新。

（9）周转材料在使用后及时清理，做好保护工作，提高材料

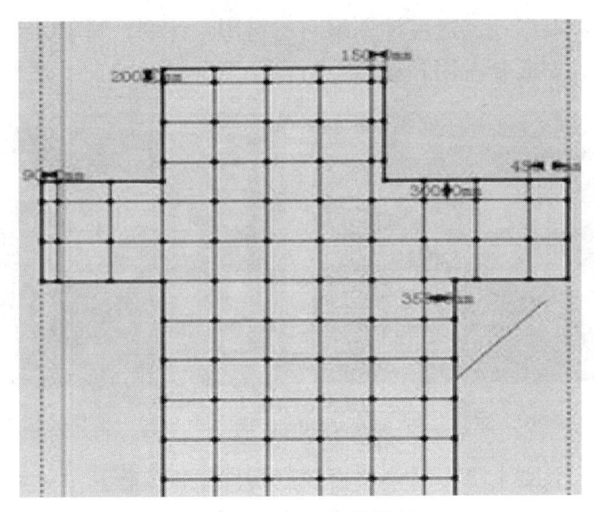

图 2.1.3-23　地砖排版

的使用率，并做好材料的回收再利用工作。

4. 节约用地措施与管理

（1）优化总平布置，尽可能在满足现场需求的前提下，节约用地。见图 2.1.3-24。

（2）尽可能不破坏已有的绿化，尽量减少硬化面积。见图 2.1.3-25。

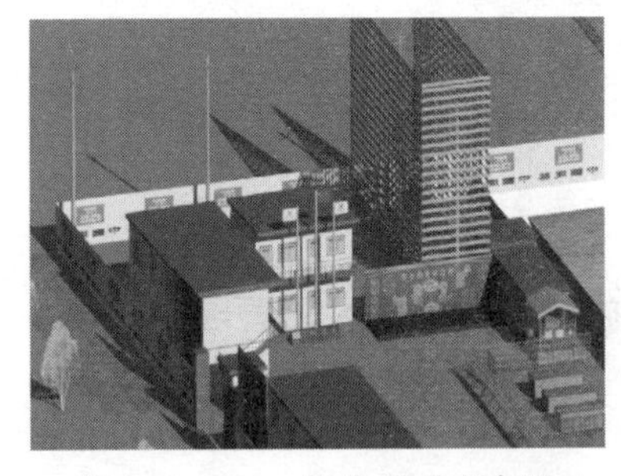

图 2.1.3-24　优化总平面布置

图 2.1.3-25　绿化代替硬化

（3）不要对红线外的用地进行破坏与占道。

（4）合理布置施工现场，在满足环境、职业健康、安全及文明施工的前提下尽可能减少废弃地与死角。

（5）木工棚、钢筋棚、材料堆放场、办公区域等设置均合理安排，材料堆放区均布置在道路边缘，方便材料运输。

（6）施工现场临时道路均跟踪永久性道路进行布置，减少后续永久性道路施工时地基硬化。场区临时道路采用可周转材料或者钢板铺路。见图 2.1.3-26，图 2.1.3-27。

图 2.1.3-26　可周转路面

图 2.1.3-27　钢板铺路

2.2　场容与环境卫生

2.2.1　施工现场平面布置管理

1. 布置原则

（1）施工现场平面分办公、生活设施、生产设施和现场围挡进行布置。

（2）在满足土建、钢结构、机电安装、装修施工需要前提下，尽量减少施工用地，不占或少占农田，施工现场布置要紧凑合理。

（3）科学确定施工区域和场地面积，尽量减少专业工种之间交叉作业。

（4）尽量利用永久性建筑物、构筑物或现有设施为施工服务，降低施工设施建造费用，尽量采用装配式施工设施，提高其安装速度。

（5）合理布置施工现场的运输道路及各种材料堆场、加工厂、仓库位置、各种机具的位置，尽量使运输距离最短，从而减少或避免为二次搬运，尽量降低运输费用。

（6）平面布置要紧凑合理，尽量减少施工用地。

（7）尽量利用原有建筑物或构筑物。

（8）合理组织运输，保证现场运输道路畅通，尽量减少二次搬运。

（9）各项施工设施布置都要满足方便施工、安全防火、环境保护和劳动保护的要求。

（10）除垂直运输工具以外，建筑物四周3m范围内不得布置任何设施。

（11）塔吊根据建筑物平面形式和规模，布置在施工段分界处，靠近料场。

（12）装修时搅拌机布置在施工外用电梯附近，施工道路近旁，以方便运输。

（13）水泥库选择地势较高、排水方便靠近搅拌机的地方。

（14）在平面交通上，要尽量避免土建、安装以及其他各专业施工相互干扰。

（15）符合施工现场卫生及安全技术要求和防火规范。

（16）现场布置有利于各子项目施工作业。

（17）考虑施工场地状况及场地主要出入口交通状况。

（18）结合拟采用的施工方案及施工顺序。

（19）满足半成品、原材料、周转材料堆放及钢筋加工需要。

满足不同阶段、各种专业作业队伍对宿舍、办公场所及材料储存、加工场地的需要。

（20）各种施工机械既满足各工作面作业需要又便于安装、拆卸。

2. 布置依据

（1）招标文件有关要求、招标提供的招标图纸。

（2）施工设计的各类资料

1）原始资料：自然条件、技术经济条件。

2）建筑设计资料：总平面图、管道位置图等。

3）施工资料：施工方案、进度计划、资源需要量计划、业主能提供的设施。

4）技术资料：定额、规范、规程、规定等。

（3）现场临界线、水源、电源位置，以及现场勘察结果。

（4）总进度计划及资源需用量计划。

（5）总体部署和主要施工方案。

（6）安全文明施工及环境保护要求等。

3. 布置内容

（1）现场围护

现场建立封闭围墙围护，围墙一般为砌墙或围挡板，使整个现场全部封闭。见图 2.2.1-1。

（2）标识标牌布置

1）施工图牌

在大门入口处设置施工图牌，包括企业标牌、工程概况牌、质量管理组织构架牌、安全管理组织构架牌、消防组织架构、项目组织架构、施工平面布置图、农民工须知牌等。见图 2.2.1-2。

图 2.2.1-1　施工现场围挡

图 2.2.1-2　施工图牌

2）安全标识牌

在施工通道、塔吊、施工电梯、临边洞口等处悬挂安全标识牌。见图 2.2.1-3。

3）导向牌

图 2.2.1-3 安全标识牌

为便于交通管理，在现场大门口设置导向牌。

4）物资标识牌

各种物资设置现场标识牌，便于现场物资管理。

（3）材料堆放场

1）钢筋构件

钢筋构件在场外存放，在夜间按施工进度用量进场，地下室施工阶段布置在底板上，主体结构施工阶段布置在地下室顶板上塔吊覆盖范围内，便于构件吊运。见图 2.2.1-4。

2）安装材料

安装材料在夜间按施工进度用量进场，及时运送到施工楼层，室外不设装饰材料专用堆场。见图 2.2.1-5。

图 2.2.1-4 钢筋材料堆场

图 2.2.1-5 安装材料堆放

3）周转材料场地

周转材料堆场主要设置在现场结构楼层上，随结构施工而迁移。

（4）垂直运输机械

多层房屋施工时，固定的垂直运输设备布置在施工段的附近，当建筑物的高度不同时，布置在高低分界处，尽可能布置在有窗口的地方，以避免墙体的留槎和拆除后的修补工作。轨道塔式起重机的塔轨中心距建筑外墙的距离应考虑到建筑物突出部分、脚手架、安全网、安全空间等因素，一般应不少于 3.5m。在一个现场内布置多台起重设备时，相邻塔吊的安全距离，在水平和垂直两个方向上都要保证不少于 2m 的安全距离，应能保证交叉作业的安全，上下左右旋转，应留有一定的空间以确保安全。见图 2.2.1-7。

图 2.2.1-6　周转材料堆场

图 2.2.1-7　垂直运输设备

（5）加工场

各种加工场的布置均应以方便生产、安全防火、环境保护和运输费用少为原则。通常加工场宜集中布置在工地边缘处，并且将其与相应仓库或堆场布置在同一地区。

1）钢筋加工场

钢筋加工场分钢筋原材存放区、钢筋加工区和成型钢筋存放区。根据现场场地条件，设置钢筋主加工场，主要用于成型钢筋、调直、切断等，在现场角落设置附属加工场，主要用于加工机械连接钢筋，在不同施工阶段，对钢筋加工场地进行适当调整，以满足结构施工需要。见图 2.2.1-8。

2）模板加工场

模板加工分模板原材存放区、模板加工区和模板存放区，设在施工现场某方位角落。

图 2.2.1-8　钢筋加工场

3）搅拌站

当有混凝土专用运输设备时，可集中设置大型搅拌站，其位置可采用线性规划方法确定，否则就要分散设置小型搅拌站，它们的位置均应靠近使用地点或垂直运输设备。见图 2.2.1-9，图 2.2.1-10。

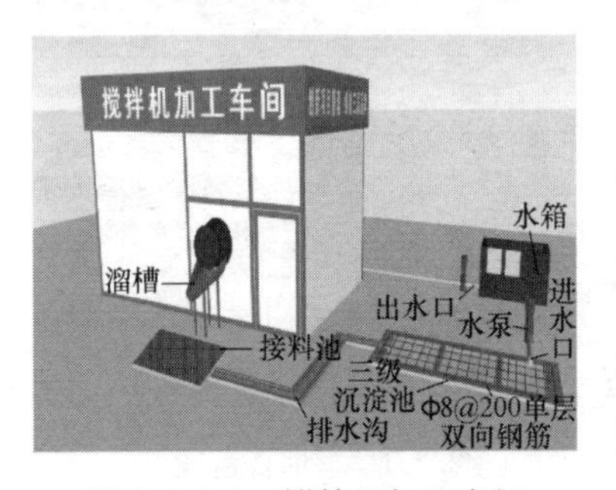

图 2.2.1-9　搅拌机加工车间

图 2.2.1-10　搅拌机加工车间

（6）试验、标养室

现场混凝土标准养护室设置在现场西北角，内配空调、增湿器、温度计、湿度计、混凝土振捣台等设备，满足现场标养试验室条件。

（7）水电管网和动力设施

根据施工现场具体条件，首先要确定水源和电源类型和供应量，然后确定引入现场后的主干管（线）和支干管（线）供应量和平面布置形式。根据建设项目规模大小，还要设置消防站、消防通道和消火栓。见图 2.2.1-11。

（8）仓库

仓库的面积应通过计算确定，根据各个施工阶段的需要的先后进行布置。水泥仓库应当选择地势较高、排水方便、靠近搅拌机的地方。易燃易爆品仓库的布置应当符合防火、防爆安全距离要求。仓库内各种工具器件物品应分类集中放置，设置标牌，标明规格型号。易燃、易爆和剧毒物品不得与其他物品混放，并建立严格的进出库制度，由专人管理。见图 2.2.1-12。

图 2.2.1-11　临水机房

图 2.2.1-12　垂直运输机械

4. 布置管理制度

严格按照施工总平面图的规定，兴建各项临时设施，堆放材料、成品、半成品及生产设备。

施工现场随着工程进度的不断变化，需在总平面图的控制下进行合理调整，实行动态管理。

所有施工现场均应设置围栏，并在入口处设立标牌，标明承建单位及工程名称，悬挂工程概况牌和各项规范化制度牌。

工人操作地点和周围必须清洁整齐，做到活完脚下清，场地余留砂浆、混凝土等施工垃圾要及时清除。

5. 布置步骤

确定建筑位置→物料提升机位置→ 木工加工场地→钢筋加工场地→办公室、库房→临时道路→临时设施→临时水电。见图 2.2.1-13～图 2.2.1-17。

2.2.2　施工现场环境卫生与卫生防疫管理

1. 环境保护基本要求

(1) 基本规定

1) 工程的施工组织设计中应有防治扬尘、噪声、固体废物和废水等污染环境的有效措施，并在施工作业中认真组织实施。

图 2.2.1-13　基坑清底阶段施工现场平面三维布置

图 2.2.1-14　地下室结构施工阶段施工现场平面三维布置

图 2.2.1-15　地上结构（裙楼）施工阶段施工现场平面三维布置

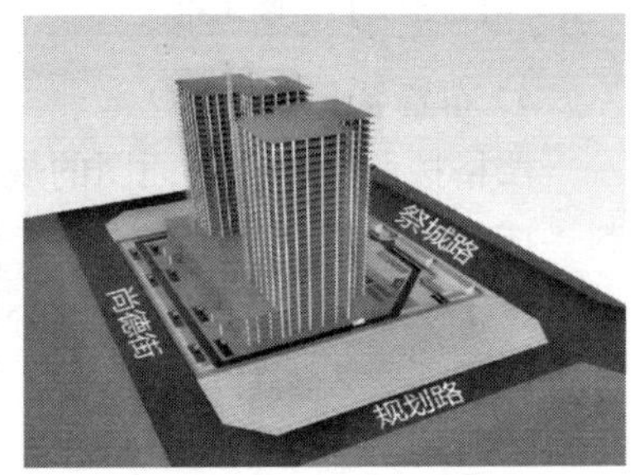

图 2.2.1-16　地上结构（塔楼）施工阶段施工现场平面三维布置

图 2.2.1-17　装饰装修施工阶段施工现场平面三维布置

2）施工现场应建立环境保护管理体系，责任落实到人，并保证有效运行。

3）对施工现场防治扬尘、噪声、水污染及环境保护管理工作进行检查。

4）定期对职工进行环保法规知识培训考核。

（2）防治大气污染

1）施工现场主要道路必须进行硬化处理。施工现场应采取覆盖、固化、绿化、洒水等有效措施，做到不泥泞、不扬尘。施工现场的材料存放区、大模板存放区等场地必须平整夯实。见图 2.2.2-1，图 2.2.1-2。

图 2.2.2-1　降尘喷雾设备

图 2.2.2-2　自动冲洗设备

2）遇有四级风以上天气不得进行土方回填、转运以及其他可能产生扬尘污染的施工。

3）施工现场应有专人负责环保工作，配备相应的洒水设备，及时洒水，减少扬尘污染。

4）建筑物内的施工垃圾清运必须采用封闭式专用垃圾道或封闭式容器吊运，严禁凌空抛撒。施工现场应设密闭式垃圾站，施工垃圾、生活垃圾分类存放。施工垃圾清运时应提前适量洒水，并按规定及时清运消纳。

5）水泥和其他易飞扬的细颗粒建筑材料应密闭存放，使用过程中应采取有效措施防止扬尘。施工现场土方应集中堆放，采取覆盖或固化等措施。

6）从事土方、渣土和施工垃圾的运输，必须使用密闭式运输车辆。施工现场出入口处设置冲洗车辆的设施，出场时必须将车辆清理干净，不得将泥沙带出现场。

7）市政道路施工铣刨作业时，应采用冲洗等措施，控制扬尘污染。灰土和无机料拌合，应采用预拌进场，碾压过程中要洒水降尘。

8）规划市区内的施工现场，混凝土浇注量超过 100m³ 以上的工程，应当使用预拌混凝土，施工现场设置搅拌机的机棚必须封闭，并配备有效的降尘防尘装置。

9）施工现场使用的热水锅炉、炊事炉灶及冬施取暖锅炉等必须使用清洁燃料。施工机械、车辆尾气排放应符合环保要求。

10）拆除旧有建筑时，应随时洒水，减少扬尘污染。渣土要在拆除施工完成之日起三日内清运完毕，并应遵守拆除工程的有关规定。见图 2.2.2-3～图 2.2.2-6。

图 2.2.2-3　施工现场绿化措施

图 2.2.2-4　施工道路清扫

图 2.2.2-5　施工道路喷淋降尘

图 2.2.2-6　塔吊喷淋降尘

（3）防治水污染

搅拌机前台、混凝土输送泵及运输车辆清洗处应当设置沉淀池，废水不得直接排入市政污水管网，经二次沉淀后循环使用或用于洒水降尘。

现场存放油料，必须对库房进行防渗漏处理，储存和使用都要采取措施，防止油料泄漏，污染土壤水体。

施工现场设置的食堂，用餐人数在100人以上的，应设置简易有效的隔油池，加强管理，专人负责定期掏油，防止污染。见图2.2.2-7，图2.2.2-8。

图2.2.2-7　污水三级沉淀池

图2.2.2-8　隔油池

（4）防治施工噪声污染

1）施工现场应遵照《建筑施工场界环境噪声排放标准》GB 12523—2011制定降噪措施。在城市市区范围内，建筑施工过程中使用的设备，可能产生噪声污染的，施工单位应按有关规定向工程所在地的环保部门申报。

2）施工现场的电锯、电刨、搅拌机、固定式混凝土输送泵、大型空气压缩机等强噪声设备应搭设封闭式机棚，并尽可能设置在远离居民区的一侧，以减少噪声污染。

3）因生产工艺上要求必须连续作业或者特殊需要，确需在22时至次日6时期间进行施工的，建设单位和施工单位应当在施工前到工程所在地的区、县建设行政主管部门提出申请，经批准后方可进行夜间施工。

4）进行夜间施工作业的，应采取措施，最大限度减少施工噪声，可采用隔音布、低噪声振捣棒等方法。

5）对人为的施工噪声应有管理制度和降噪措施，并进行严格控制。承担夜间材料运输的车辆，进入施工现场严禁鸣笛，装卸材料应做到轻拿轻放，最大限度地减少噪声扰民。

6）施工现场应进行噪声值监测，监测方法执行《建筑施工场界环境噪声排放标准》GB 12523—2011，噪声值不应超过国家或地方噪声排放标准。见图 2.2.2-9，图 2.2.2-10。

图 2.2.2-9　噪声监测仪

图 2.2.2-10　噪声监测公示牌

2. 环境卫生和防疫基本要求

（1）施工现场办公区、生活区卫生工作应由专人负责，明确责任。见图 2.2.2-11。

（2）办公区、生活区应保持整洁卫生，垃圾应存放在密闭式容器中，定期灭蝇，及时清运。

（3）生活垃圾与施工垃圾不得混放。

（4）生活区宿舍内夏季应采取消暑和灭蚊蝇措施，冬季应有采暖和防煤气中毒措施，并建立验收制度。宿舍内应有必要的生

图 2.2.2-11　食堂证件上墙

活设施及保证必要的生活空间，内高度不得低于 2.5m，通道的宽度不得小于 1m，应有高于地面 30cm 的床铺，每人床铺占有面积不小于 $2m^2$，床铺被褥干净整洁，生活用品摆放整齐，室内保持通风。

（5）生活区内必须有盥洗设施和洗浴间。应设阅览室、娱乐场所。

（6）施工现场应设水冲式厕所，厕所墙壁屋顶严密，门窗齐全，要有灭蝇措施，设专人负责定期保洁。

（7）严禁随地大小便。

（8）施工现场设置的临时食堂必须具备食堂卫生许可证、炊事人员身体健康证、卫生知识培训证。建立食品卫生管理制度，严格执行食品卫生法和有关管理规定。施工现场的食堂和操作间相对固定、封闭，并且具备清洗消毒的条件和杜绝传染疾病的措施。

（9）食堂和操作间内墙应抹灰，屋顶不得吸附灰尘，应有水泥抹面锅台、地面，必须设排风设施，垃圾分类存放。见图 2.2.2-12。

图 2.2.2-12　垃圾分类存放

（10）操作间必须有生熟分开的刀、盆、案板等炊具及存放柜橱。库房内应有存放各种作料和副食的密闭器皿，有距墙距地面大于20cm的粮食存放台。不得使用石棉制品的建筑材料装修食堂。

（11）食堂内外整洁卫生，炊具干净，无腐烂变质食品，生熟食品分开加工保管，食品有遮盖，应有灭蝇灭鼠灭蟑措施。

（12）食堂操作间和仓库不得兼作宿舍使用。

（13）食堂炊事员上岗必须穿戴洁净的工作服帽，并保持个人卫生。

（14）严禁购买无证、无照商贩食品，严禁食用变质食物。

（15）施工现场应保证供应卫生饮水，有固定的盛水容器和有专人管理，并定期清洗消毒。

（16）施工现场应制定卫生急救措施，配备保健药箱、一般常用药品及急救器材。为有毒有害作业人员配备有效的防护用品。

（17）施工现场发生法定传染病和食物中毒、急性职业中毒时立即向上级主管部门及有关部门报告，同时要积极配合卫生防疫部门进行调查处理。

（18）现场工人患有法定传染病或是病源携带者，应予以及时必要的隔离治疗，直至卫生防疫部门证明不具有传染性时方可恢复工作。

（19）对从事有毒有害作业人员应按照《职业病防治法》做职业健康检查。

（20）施工现场应制定暑期防暑降温措施。

2.2.3　施工现场消防保卫管理

（1）施工现场必须坚持“预防为主、防消结合”的工作方针，认真贯彻执行《中华人民共和国消防法》和公司对消防工作的指示，逐级落实防火责任制，利用多种形式进行广泛宣传教育，做到人人重视消防工作。

（2）施工现场必须遵循“谁主管、谁负责”的原则，设备保卫专职人员，组织业余消防队，层层落实消防保卫管理制度，定期组织进行监督检查，对存在问题限期整改。施工现场严禁支搭易燃建筑，高压线下不准堆放易燃物品，不得使用易燃材料保温，氧气、乙炔瓶分别入库存放，有安全距离、明显标志警示。见图2.2.3-1。

图2.2.3-1　乙炔瓶现场存放处

（3）现场要建立值班、巡逻护场制度。护场守卫人员佩带执勤标志。

（4）料场、库房的设置应符合治安消防要求，并配有必要的防范设施。易燃易爆、贵重、剧毒、放射性等物品，要设专库专管，严格招待领用、回收制度。

（5）施工现场必须协调宽度不小于3.5cm的消防车道。消防车道不环向行驶时，应有适当地点修建转车道。

（6）现场要配备足够的消防器材，做到布局合理，并经常注意维修、保养。见图2.2.3-2。

（7）现场消火栓处昼夜要有明显标志，在周围3m内不准存放任何物品。

（8）现场安装各种电气设备，必须由专业正式电工操作。施工现场严禁使用电炉，如必须使用时，必须经保卫部门批准，发

图 2.2.3-2　施工现场消防设施

给使用许可证，设专人管理方可使用。

(9) 严格加强现场明火作业管理，严格用火审批制度，现场用火证必须统一由保卫部门负责人签发，并附有书面安全技术交底。电气焊工持证上岗，无证人员不得操作。明火作业必须有专人看火，并备有充足的灭火器材。施工现场设专用吸烟室。施工现场禁止吸烟，严禁擅自明火作业。

(10) 现场高大机械、电气设备、灯架、脚手架等，雨季要有防雷接地措施，防止雷击着火。

(11) 施工现场必备有一定数量的灭火器材，按施工平面布置图设置地下消火栓、消防专用泵房，各楼设置消防竖管一道，管道直径 65mm，隔层设消火栓，配备水龙带、水枪和水桶。现场内循环消防道路宽度不低于 3.50m。各楼设吸烟室一处。内配消防器材及带水烟头桶。施工现场的消防器具由保卫人员检查、维护，保证齐全、完好有效，不准他人擅自乱动乱用。

(12) 消防设施要能保证建筑物最高点灭火需要。临时消火栓要有防寒防冻保温措施。

(13) 严格执行用火审批制度，凡有电气焊及明火处，要有灭火措施及设备，周围无易燃物，并有专人看管。

(14) 消防保卫工作必须纳入生产管理议事日程，要与施工生产同计划、同布置、同落实、同评比。见图 2.2.3-3。

(15) 现场消防保卫人员有权制止一切违反规定的行为，对违反治安消防规定的人员、保卫干部有权给予批评教育和处罚，直至停止施工。

(16) 对进入施工现场的所有人员严格进行摸底审查，对施工人员坚持先审后用的原则，对重点人员做到心中有数，对所有

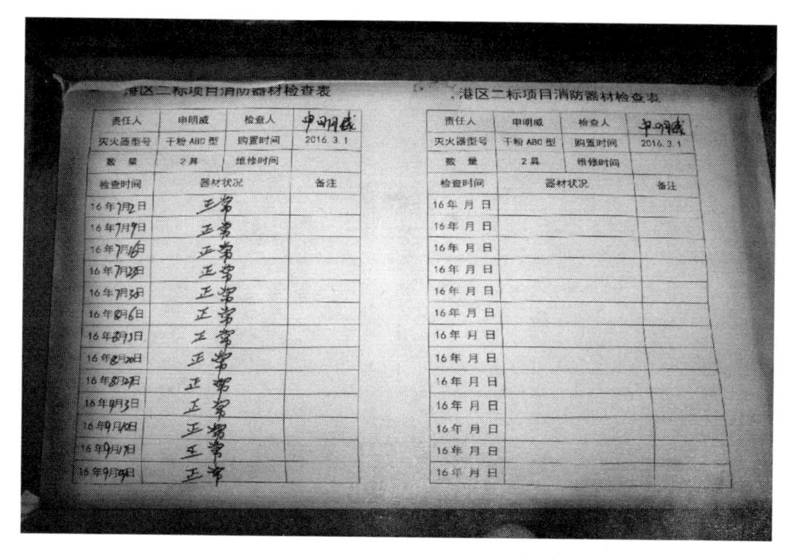

港区二标项目消防器材检查表

责任人	申明威	检查人	申明威
灭火器型号	干粉ABC型	购置时间	2016.3.1
数量	2具	维修时间	
检查时间	器材状况	备注	
16年7月2日	正常		
16年7月9日	正常		
16年7月16日	正常		
16年7月23日	正常		
16年7月30日	正常		
16年8月6日	正常		
16年8月13日	正常		
16年8月20日	正常		
16年8月27日	正常		
16年9月3日	正常		
16年9月10日	正常		
16年9月17日	正常		
16年9月[illegible]日	正常		

港区二标项目消防器材检查表

责任人	申明威	检查人	申明威
灭火器型号	干粉ABC型	购置时间	2016.3.1
数量	2具	维修时间	
检查时间	器材状况	备注	
16年 月 日			
16年 月 日			
16年 月 日			
16年 月 日			
16年 月 日			
16年 月 日			
16年 月 日			
16年 月 日			
16年 月 日			
16年 月 日			
16年 月 日			
16年 月 日			
16年 月 日			

图 2.2.3-3　消防器材检查记录档案

施工人员进行注册登记。

（17）所有施工人员入场前必须进行“四防”教育，认真学习施工现场的各项规章制度和国家法规，使每个施工人员做到制度明确，安全生产，文明施工。

（18）对施工现场的重要部位及成品保护，必须坚持谁主管谁负责，谁施工谁负责的原则，把责任落实到人。

（19）对现场的重要部位（配电室、库房、泵房、资料室、塔吊等）要配备责任心强，技术熟练的人员操作和管理，建立健全岗位责任制和交接班制度，认真做好交接班记录。

（20）建立、健全消防保卫档案，搞好资料收集管理工作，对现场发生的事故和各种隐患要认真整理好资料备查。

（21）施工现场平时设一个出入口、现场围墙保证良好，现场不得留住外来人员。门卫必须对出入口所有出入车辆及人员进行严格检查登记。见图 2.2.3-4，图 2.2.3-5。

（22）对现场处理不了的治安问题，要及时向上级有关部门请示报告。主动与建设单位、当地治安联防部门取得联系，共同做好治安保卫工作。

图 2.2.3-4　施工现场出入口

图 2.2.3-5　消防演练

2.3　事故发生后的自救与互助

2.3.1　安全事故概念

1. 安全

不发生导致伤亡、职业病、设备和财产损毁的状况。

2. 事故

个人或集体在时间的进程中，在为了实现某一意图而采取的行动过程中，突然发生的了与人意志相反的情况，迫使这种行动暂时或永久停止的事件。

3. 事故的特征

（1）事故的因果性

一切事故的发生都是由于存在各种危害因素相互作用的结果。（危害因素就是所说的事故隐患）事故作为一种现象，都是和其他现象存在着直接和间接的联系。

（2）事故的偶然性、必然性和规律性

事故的发生含着偶然因素，它属于在一定条件下可能发生，也可能不发生的随机事件。

（3）事故的潜在性

不安全的因素是潜在的，条件成熟就会显现。认识事故的潜在性，克服麻痹大意思想，是防止事故发生的一个主要因素。

4. 事故的构成原因

（1）人的不安全行为。

（2）物的不安全状态。

（3）管理缺陷。

5. 事故的模型

事故发生要经历四个过程：存在事故隐患—发生事故征兆—事故临界状态—进入事故过程。

了解事故模型，在第一、第二过程重要的工作是做好事故预防管理；在第三、第四过程主要做好事故应急管理。

6. 自救

发生意外事故时，在受害区域或受灾害影响区域内的每个作业人员进行避难和保护自己的方法。

7. 互救

在有效地进行自救的前提下，如何妥善地救护灾害区的受伤人员的方法。

2.3.2 事故发生后的自救与互救

事故发生后，救护现场受伤人员，是事故发生后首先应该采取的应急处理措施。对受伤者能否自救和互救，能否挽救受伤者生命，减轻伤害程度的重要环节。对于受伤者的现场急救，要根据伤害方式、伤害部位、伤害程度的不同，采取不同的可行的现场急救措施。

1. 对触电者的救护

首先抢救触电的人，要尽快按照不同的触电方式，沉着、迅速、在谨防自己触电的前提下施行抢救，其方法为：

（1）切断或用绝缘物挑开触电人员身上的电源，关闭开关，防止二次受伤。绝不允许用斧子或其他工具截断电源。条件允许时，救护人员必须先戴上绝缘手套，穿上绝缘鞋。

（2）使触电者脱离电源后，应立即将其抬到通风处、平放，并解开衣裤，然后进行人工呼吸和胸外心脏挤压法急救。撬开伤员的嘴，清除口腔内的脏东西，如果舌头后缩，应拉出舌头，以防堵塞喉咙，妨碍呼吸。急救时要耐心，防止“假死”现象，并且不要打强心针。

(3) 口对口（口对鼻）人工呼吸：触电人仰卧，肩下可以垫些东西使头尽量后仰，鼻孔朝天。救护人在触电人头部左侧或右侧，一手捏紧鼻孔，另一手掰开嘴巴，（如果嘴张不开，可以用口对鼻人工呼吸法，但此时要把口捂住）深呼吸后紧贴嘴巴吹气，吹气时要使其胸部膨胀，然后很快把头移开，让触电者自行排气。吹气 2s，排气 3s，约 5s 一个周期（每分钟均匀的做 14～16 次）。

(4) 胸外心脏挤压法：触电者仰卧躺在地上或硬板上，救护人跨跪在触电人腰部，两手相迭，两臂伸直，一手中指对准凹堂，手掌贴胸平放，掌根放在伤员左乳头胸骨下端，剑突之上。掌根用力下压，（向触电人脊背方向）使心脏里面血液挤出，成人压陷 3～4cm。挤压后掌根很快抬起，让触电人胸部自动复原，使血液充满心脏。（成人每分钟压下 60～70 次，小孩 80～100 次）。每次放松时，掌根不必完全离开胸壁。

做胸外心脏挤压时，手掌位置一定要找准，用力过猛容易造成骨折，气胸或肝破裂；用力过轻达不到心脏起跳和血液循环的作用。应当指出，心跳和呼吸是关联的，一旦呼吸和心跳都停止，应当及时进行口对口（口对鼻）人工呼吸和胸外心脏挤压。如果现场仅一个抢救，则两种方法要交替进行，救护人跪在触电人肩膀侧面，每吹气 1～2 次，再挤压 10～15 次。交替反复进行，动作迅速、准确、温柔、不间断。见图 2.3.2-1，图 2.3.2-2。

2. 对外伤出血者的救护

一个人受到任何外伤都有出血的可能。因为一个人体的总血量约为 5000～6000mL。急性出血量超过 800～1000mL 时，就会有生命危险。因此，争取时间为伤员及时而有效的止血（包括自救止血），对挽救生命具有重要意义，在实际救护伤员过程中，往往会遇到有的伤员伤势并不严重，但由于未及时止血就转送，结果造成失血过多而无法抢救。

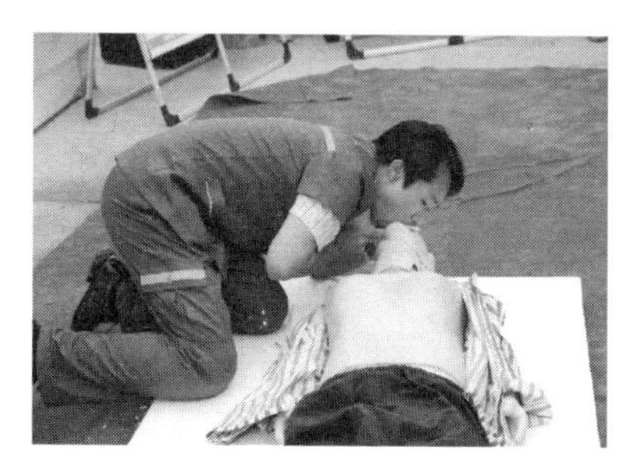

图 2.3.2-1　人工呼吸

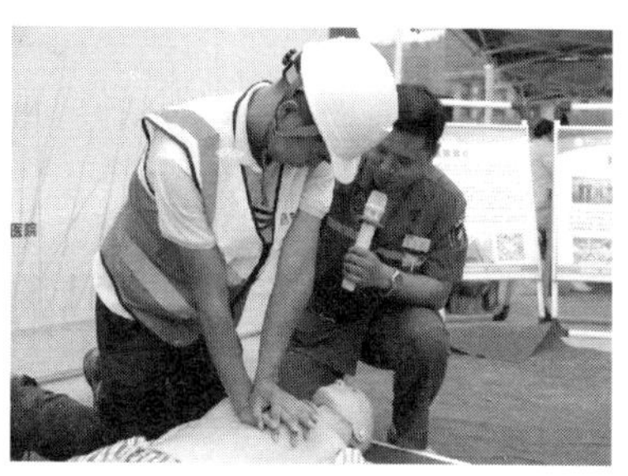

图 2.3.2-2　胸外心脏挤压

出血是由于血管损伤破裂而造成的。人身上的血管有动脉、静脉和微血管（毛细血管）三种。

动脉出血的特征是血色鲜红，出血时像小喷泉一样流出不止。因为血的流出量大，时间稍久，就会有生命危险。

静脉出血的特点是血色暗红，血液呈持续性溢出。因为流出的血量也很多，不容易止住，所以时间长了，也会有生命危险。

毛细血管出血的特点是伤口渗血，即血液像水珠一样断续地从伤口渗出，一般情况下会自己凝固。不会有生命危险。

常用的止血方法有四种，即：压迫止血法、加压包扎止血法、加垫屈肢止血法和止血带止血法。

（1）压迫止血法

这是一种最基本、最常用、最简单和最有效的止血方法，适用于头、颈、四肢动脉大血管出血的临时止血。如一个人负了伤，只要立刻果断地用手指或手掌用力压紧伤口附近靠近心脏端的动脉跳动处，并把血管紧压在骨头上，就能很快收到临时止血的效果。血管最能被压住而止血的地方称指压点。各指压点的控制范围如下：

1）如果是面部眼以下及口腔侧出血，可在下颌角前 2cm 处的凹内压迫下颌动脉止血。

2）如果是头部前半部出血，在耳前对着下颌关节点压迫颞动脉止血。

3）如果是头后部出血，可在耳后乳突与枕部之间压迫枕动脉止血。

4）如果是颈部出血，可在颈部胸锁乳突肌内侧，压迫锁骨下动脉止血。

5）如果是下肢出血，可压迫股动脉止血。

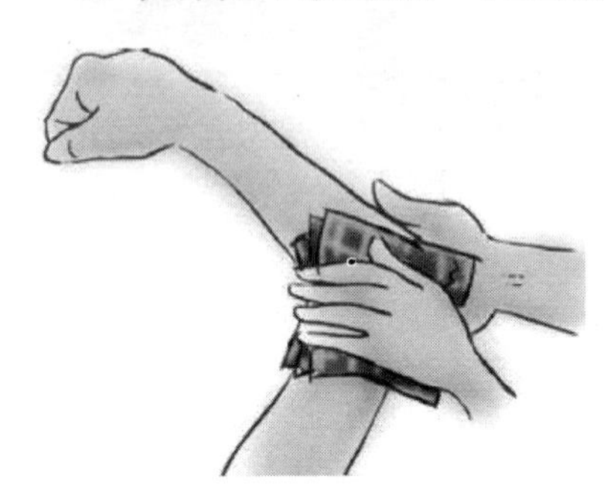

图 2.3.2-3　压迫止血法

6）如果是上肢出血，可根据不同的出血部位分别压迫锁骨下动脉、肱动脉、桡动脉或尺动脉止血。见图 2.3.2-3。

（2）加压包扎止血法

这是一种适用于小血管和毛细血管止血的方法。也是先用消毒纱布或干净毛巾敷在伤口上，再加上棉花团或纱布卷，然后用绷带紧紧包扎起来。如伤肢有骨折，还要另加夹板固定。见图 2.3.2-4。

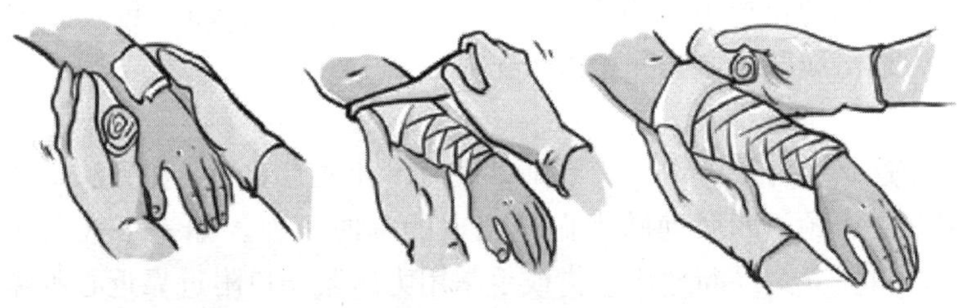

图 2.3.2-4　加压包扎止血法

（3）加垫屈肢止血法

多用于小臂和小腿止血，也是利用肘关节或膝关节的弯曲压迫血管以达到止血的目的。

它是肘窝或膝窝内放入棉垫或布垫，然后使关节弯曲到最大限度，再用绷带把前臂与上臂（或小腿与大腿）固定，假如伤肢有骨折必须先加夹板固定。见图 2.3.2-5。

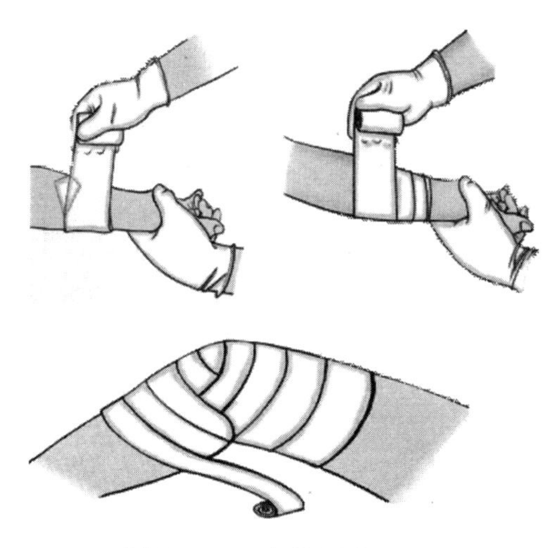

图 2.3.2-5　加垫屈肢止血法

（4）止血带止血法

这是一种适用于四肢大血管出血，尤其是动脉出血的止血方法。止血时先用止血带（一般用橡胶带，也可用纱布条、毛巾、布带或绳子等代替）绕肢体绑扎打结固定，或在结内（或结下）穿一根短棒，转动此棒，绞紧止血带，直到不流血为止，然后把棒固定在肢体上。绑扎和绞紧止血带时，不要过紧或过松。见图 2.3.2-6。

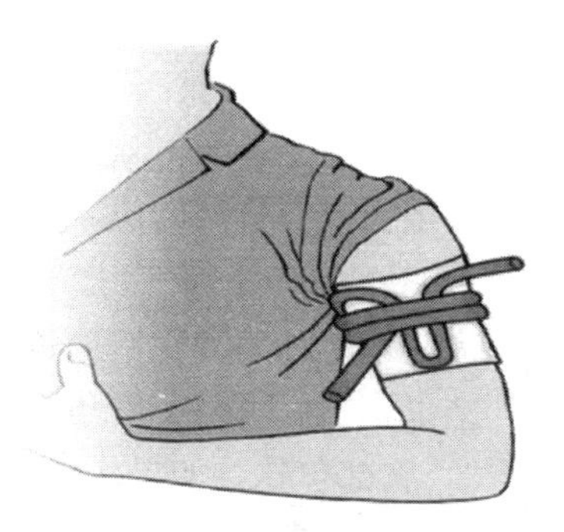

图 2.3.2-6　止血带止血法

（5）绷带包扎法

绷带有多种规格，适用于四肢和颈部包扎。方法有：

1）环形法：将绷带环形重叠缠绕即成。通常是第一圈环稍作斜状，第二、三圈作环形，并将第一圈斜出的一角压于环形圈内，最后胶布将带尾固定，或将带尾剪成两半，打结后即可，此法适用于头部，颈部、腿部及胸部、腹部等处的包扎。

2）螺旋法：通常开始用环形缠绕开头的一端，再斜向上绕，每圈压绕前圈二分之一或三分之二，最后用胶布或打结固定。此法适用于四肢、胸背、腰部等处。

3）螺旋反折法：先用环形包扎开头的一端，再斜旋上升缠绕，每圈反折一次。此法适用于小腿、前臂等处。

4）“8”字形环形法：一圈向上，一圈向下，成“8”字形来回包扎，每圈中间和前圈相交，并根据需要与前圈重叠。见图2.3.2-7。

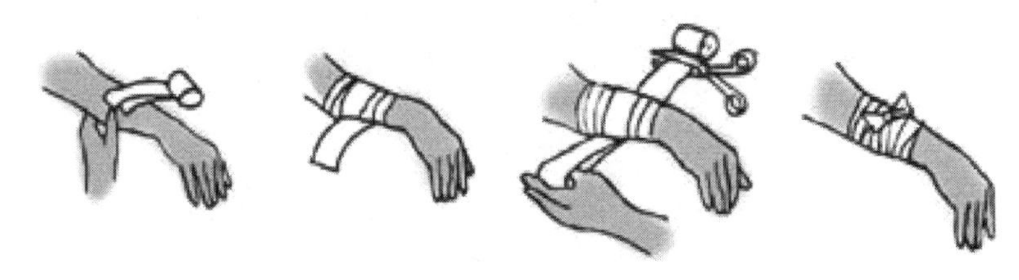

图 2.3.2-7　绷带包扎法

（6）三角巾扎法

三角巾即 1m 见方的白布对角剪开即成，用于身体各部位的包扎。

1）面部包扎：把三角巾的顶角先打一个结，然后用于包扎头面，在眼睛、鼻子和嘴的部位剪小洞，将左右角拉到脖子后面，再绕到前面打结即成。

2）头部包扎：先沿三角巾的长边折叠二层（约二指宽），从前额包起，把顶角和左右两角拉到脑后，先作一个半结，将顶角塞到结里，然后再将左右角包到前额打结。

3）胸部包扎：如果伤在右胸，就将三角巾的顶角放到右肩上，把左右二角拉到背后（左角放长一点），在右面打结，然后再把右角拉到肩部和顶角相结。如果伤在左胸，就把顶角放在左肩，其他包扎同上。

4）背部包扎：和胸部包扎的方法一样，不同的是从背部包起，在胸部打结。

5）腹部包扎：在内脏脱出处放一块干净的纱布，再罩一个大小适宜的碗，三角巾底边横放于腹部，两底角在腹背部打结，然后再从大腿中间向后拉紧的顶角结在一起固定。

6）手足包扎：手指或足趾放在三角巾顶角部位，把顶角向上折，包在手背或足趾上面，然后把左右两角交叉向上拉到手腕或足腕的左右两面，缠绕打结。见图 2.3.2-8。

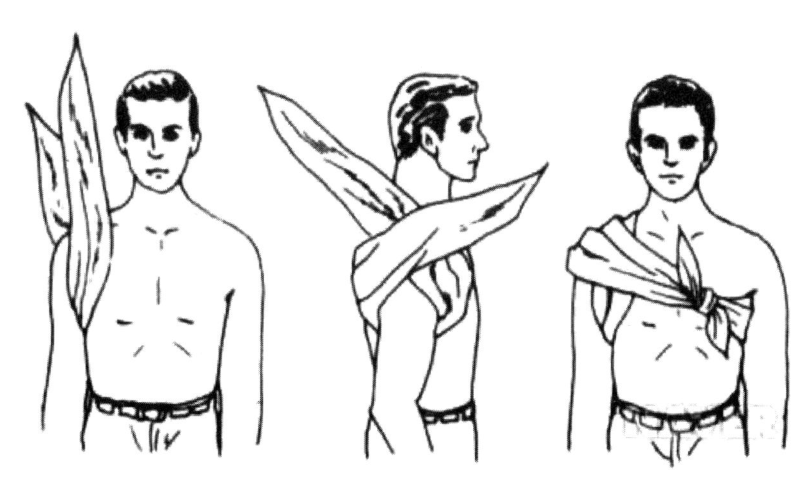

图 2.3.2-8　三角巾扎法

2.4　职业健康安全卫生与救治

2.4.1　职业健康安全卫生常识

1. 施工现场卫生常识

（1）施工现场应确定一名施工负责人或保健急救人员为卫生负责人，全面负责施工现场的卫生工作，贯彻执行施工现场责任制，搞好施工现场的场容场貌、生活卫生、食堂卫生等。

（2）生产场所的噪声、粉尘、有毒有害作业、施工工业污水处理等应符合国家工业卫生规定，定期测试、落实防范措施。

（3）生活区域应设置醒目的环境卫生宣传标牌和责任包干区；施工现场生活设施齐全（有宿舍床铺、食堂、厕所、浴室、学习娱乐场所等）设置合格；施工现场应无积水。

（4）生活区内做到排水畅通，无污水外流堵塞排水沟现象，有条件的现场应有绿化布置，在落实各项除四害措施，控制四害孳生。

（5）宿舍日常生活用品应统一放置整齐，办公室、厕所、生活区等应经常打扫，保持整齐清洁；生活垃圾要有加盖容器放置并有规定的地点，有专人管理，定清扫，厕所设水箱冲洗要明确专门保洁人员，保持清洁卫生。

（6）食堂内应整齐清洁，没有积水，装设纱门纱窗；食具要严格消毒，防止交叉污染；现场茶水供应，茶具要消毒，应符合卫生要求。

（7）炊事员每年要进行一次健康检查，持有健康合格证方可上岗，炊事人员必须做好个人卫生，坚持做到四勤（勤理发，勤洗澡、勤换衣、勤剪指甲），操作时应穿戴好白工作服、帽子，不赤背、不光脚，禁止随地吐痰。

（8）贮存食品要隔墙离地，注意通风防潮、防虫、防鼠，配置冷藏室，严禁亚硝酸盐与食堂同共贮。

（9）施工现场须有保健医药箱和急救器材，做好对职工卫生防病宣传教育工作；要利用黑板报、宣传栏等形式向职工介绍防病、治病和急救措施等。

（10）施工现场应每半个月由卫生负责人组织对食堂、宿舍、厕所和生活区、现场周围的卫生检查并记录在册。见图2.4.1-1，图 2.4.1-2。

图 2.4.1-1　食堂内整洁卫生

图 2.4.1-2　食品储存有序

2. 常备药物

(1) 外用药(表 2.4.1-1)

外用药　　表 2.4.1-1

品　　名	适用症
创可贴	小创伤出血
紫药水	消毒防腐
万花油	烧烫伤
京万红软膏	烧烫伤
碘酊(2%)	局部消毒
酒精(70%)	局部消毒
风油精	虫咬、牙痛
清凉油	驱暑醒脑
红药水	清毒止血
眼水、眼膏	眼部感染
棉垫、绷带	外伤出血
止血胶带	外伤出血

(2) 内服药(表 2.4.1-2)

内服药　　表 2.4.1-2

品名	适用症
速效感冒胶囊	发烧、感冒
扑尔敏(氯苯那敏)	抗过敏
氟哌酸(诺氟沙星)	腹泻、尿道感染
果导	治便秘
复方甘草片	镇咳、祛痰
安定	失眠
碘喉片	咽炎、扁桃体炎
心痛定	降血压
颠茄片	胃痉挛
多酶片	助消化
阿司匹林	解热、镇痛
云南白药	散瘀、止痛、止血

2.4.2 伤害急救与救治

现场急救是把伤亡事故减少到最低限度重要保障。掌握一些最常用的急救常识，是每个员工及时、正确地做好事故现场救护所具备。

紧急救护的原则是：先救命，后治伤。

紧急救护的步骤是：止血、包扎、固定、救护。

1. 触电急救常识

安全电压标准：

安全电压是为了防止触电事故而采用的由特定电源供电的电压系列。交流电安全电压等级为：①42V；②36V；③24V；④12V；⑤6V 五级。

防止直接触电措施：

①绝缘；②屏护；③障碍；④间距；⑤漏电保护装置；⑥安全电压。

防止间接触电措施：

①接地、接零保护；②不导电环境；③电气隔离；④等电位环境。

高压低压：

低压：额定电压 1kV 以下。其特点：不接触不触电。

高压：额定电压 1kV 以上，其特点：不接触但达到一定距离（靠近）有触电危险。

高低压触电都危险：

高压电会致人死命，而低压也会致人死命，且低压触电事故发生频率高，必须引起高度重视。

触电急救的要点是：动作迅速，救护得法。

触电急救的关键是：尽快地使触电者脱离电源，这是救治后触电者的首要因素。

2. 使低压触电事故触电者脱离电源的方法

（1）拉开电源开关，切断电源。

（2）切断电线，断开电源。用有绝缘柄的电工钳或者干燥木柄的斧头斩断电线，切断电源。

（3）抢救者必须使用绝缘手套和绝缘鞋。当电线搭在触电者身上时，可用干燥木棒等绝缘物作为工具，拉开触电者或挑开电线，使触电者脱离电源。切忌徒手拉电线或拉开触电者，使触电者脱离电源。

（4）隔离电源通路。可采用绝缘板或木板垫在触电者脚下或身上，使电流通路断开，然后迅速停电。

3. 对于高压触电事故，使触电者脱离电源的方法

（1）立即通知有关部门停电。

（2）电工带上绝缘手套，穿上绝缘鞋，用相应电压等级的绝缘工具打开高压开关。

（3）抛掷裸金属线使线路短路接地，迫使保护装置动作，断开电源。在抛掷金属线前，先将金属线的一端可靠接地。

4. 触电急救注意事项

（1）处理事故，要果断，迅速。

（2）防止救护人员再次触电。

（3）防止触电者脱离电源后二次事故发生，如坠落等。

（4）立即通知医疗救护机构等。

5. 触电后急救措施

触电后现场主要救护方法是人工呼吸和胸外心脏挤压法。

（1）人工呼吸法

人工呼吸法是在触电者呼吸停止后应用的急救方法。各种人工呼吸法中，以口对口（鼻）人工呼吸效果最好，其方法简单易学，容易掌握。

施行人工呼吸前，应迅速解除妨碍呼吸的一切障碍，使呼吸道畅通，如宽衣解带，清除口腔内杂物等。

人工呼吸时，必须使触电者仰卧，头部充分后仰，鼻孔朝上，以利呼吸道畅通。

其步骤是：

1）使触电者鼻孔（或口）紧闭，救护人深吸一口气后紧贴

触电者的口（或鼻）向内吹气时间大约 2s。

2）吹气完毕，立即离开触电者的口（或鼻），并松开触电者的鼻子（或嘴唇），让他自动呼气，时间大约为 3s。

如发现触电者把口张开，可改用口对鼻人工呼吸法。

（2）胸外心脏挤法

胸外心脏挤法是触电者心脏跳动停止后的急救方法。其操作方法如下：

1）使触电者仰卧在比较坚实的地方。救护人跪在触电者一侧或骑跪在其腰部两侧，两手相叠，手掌根部放在心窝上方、胸骨下方三分之一至二分之一处。

2）掌根用力垂直向下（颈背方向）挤压，压出心脏里面的血液。对成年人应压陷 3～4cm。以每秒钟挤压一次，每分钟挤压 60 次为宜。

3）挤压后掌根迅速全部放松，让触电者胸部自动复原，血液充满心脏。放松时掌根不必完全离开胸部。

抢救过程中，如发现触电者嘴唇稍有开合，或眼皮活动或喉咙间有咽东西的动作，则应注意其是否自动心脏跳动和自动呼吸。触电者能自己开口呼吸，即可停止人工呼吸，如果人工呼吸停止后，触电者仍不能自己呼吸，则应立即再做人工呼吸。急救过程中，如果触电者身上出现尸斑或身体僵硬，经医生做出无效救治的诊断后方可停止抢救。见图 2.4.2-1。

图 2.4.2-1　抢救过程

6. 摔伤急救常识

当施工现场作业人员自高处坠落摔伤时，应注意对摔伤骨折部位的保护，避免采用不准确的抬运方法，使骨折错位，造成二次伤害。

7. 毒气中毒急救常识

在人工挖孔桩、井（地）下施工中有人发生中毒时，井（地）上人员不能盲目下井救助，以免中毒。

首先采取向井下通风，救助者采取自我保护措施，并向上级有关部门报告，请求及时抢救。

工地发生伤亡事故后必须做到三点：

（1）有组织地抢救受伤人员；

（2）保护事故现场；

（3）向上级和有关部门及时报告。

8. 突发公共卫生事件应急常识

（1）国家对传染病实行预防为主的方针，防治结合，分类管理。

（2）传染病分为甲类、乙类和丙类。

（3）施工期间，建筑单位应当设立专人负责工地上的卫生防疫工作。

（4）任何人发现传染病人或者疑似病人时，都应当及时向附近的医疗保健机构或者卫生防疫机构报告。

（5）对传染病病病人，病源携带者，疑似传染病病人污染的场所，物品和密切接触的人员，实施必要的卫生处理和预防措施。

（6）对传染病疾病实施封闭管理，就地隔离。

（7）对非传染病疾病的发病人员，应实施快速救治。

（8）对食物中毒等病例，要立即送医院救治，应向“卫生部门”送检食物留置样品，对未发病的就餐人员要进行监控和摸底，保证病人得到及时的救治。

（9）对发现传染病疾病和疑似传染病的施工现场必须实施全面清洁消毒。

（10）施工现场饮用水必须符合国家规定的卫生标准，必须注意饮用卫生，宿舍要明亮通风，保持清洁卫生。

2.5 职业健康检查与职业病危害预防控制

2.5.1 职业健康检查

1. 铅及其化合物

（1）上岗检查项目：常规项目［内科常规检查是指血压测定、心、肺、腹部检查，甲状腺，咽喉检查（下同），握力，肌张力，腱反射，三颤（指眼睑震颤、舌颤、双手震颤），血常规，尿常规，肝功能，心电图，肝、脾B超，胸部X射线摄片］（下同）。

（2）在岗期间检查项目：内科常规检查，握力，肌张力，腱反射，三颤，血、尿常规，尿铅和血铅，尿δ—氨基乙酰丙丙酸或红细胞锌原卟啉，尿粪卟啉，肝功能，心电图，肝、脾B超，神经肌电图。

（3）体检周期：一年。

（4）职业禁忌证：

1）各种精神疾病及明显的神经症；

2）神经系统器质性疾病；

3）严重的肝、肾及内分泌疾病。

2. 汞及其化合物

（1）上岗前检查项目：常规项目、口腔黏膜、牙龈检查。

（2）在岗期间检查项目：内科常规检查，三颤，牙龈检查，尿汞定量，血、尿常规，肝功能，心电图，尿δ—微球蛋白，尿蛋白定量。

（3）体检周期：一年。

（4）职业禁忌证：

1）神经精神疾病；

2）肝、肾疾病。

3. 锰及其化合物

（1）上岗前检查项目：常规项目。

（2）在岗期间检查项目：内科常规检查，三颤，握力，肌张力，腱反射，指鼻实验，尿锰或发锰定量，血常规，尿常规，心电图，神经肌电图。

（3）体检周期：一年。

（4）职业禁忌证：

1）神经系统器质性疾病；

2）明显的神经官能症；

3）各种精神病；

4）明显的内分泌疾病。

4. 镉及其化合物

（1）上岗前检查项目：常规项目，肾功能。

（2）在岗期间检查项目：内科常规检查，血镉或尿镉，尿β2—微球蛋白，血、尿常规，肝功能，心电图，肝脾B超，胸部X射线片，骨密度测定，尿蛋白定量及电泳。

（3）体检周期：一年。

（4）职业禁忌证：

1）各种肾脏疾病；

2）慢性肺部疾病；

3）明显的肝脏疾病；

4）明显贫血；

5）Ⅱ、Ⅲ期高血压病；

6）骨质软化症。

5. 铍及其化合物

（1）上岗前检查项目：常规项目，肺功能，皮肤检查。

（2）在岗期间检查项目：内科常规检查，皮肤检查，血、尿常规，胸部X射线摄片，肝功能，免疫指标测定，心电图，肝脾B超，肺功能测定。

（3）体检周期：一年。

（4）职业禁忌证：

1）哮喘、花粉症，药物或化学物质过敏等过敏性疾病；

2）严重的心脏、肺部疾病；

3）肝脏、肾脏疾病；

4）严重的皮肤病。

6. 铊及其化合物

（1）上岗前检查项目：常规项目、毛发检查。

（2）在岗期间检查项目：内科常规检查，握力，肌张力，腱反射，毛发检查，视力、眼底检查，经传导速度，神经肌电图检查。血常规，尿常规，肝功能，肝脾B超，心电图，尿铊。

（3）体检周期：一年。

（4）职业禁忌证：

1）神经系统器质性疾病；

2）精神病及明显神经症；

3）明显的肝、肾疾病。

7. 钒及其化合物

（1）上岗前检查项目：常规项目，咽喉检查。

（2）在岗期间检查项目：内科常规检查项目，皮肤检查，胸部X射线摄片，血常规，尿常规，肝功能，心电图，肝脾B超，肺功能。

（3）体检周期：一年。

（4）职业禁忌证：

1）严重的慢性呼吸系统；

2）严重影响肺功能的胸廓、胸膜疾病；

3）严重慢性皮肤病；

4）明显的心血管疾病。

8. 磷及其化合物

（1）上岗前体检项目：常规项目。

（2）在岗期间检查项目：内科常规检查，牙周、牙体检查，血、尿常规，肝功能，肾功能，肝脾B超，下颚骨X射线左右侧位，心电图。

（3）体检周期：一年。

（4）职业禁忌证：

1）牙周、牙体颚骨的明显病变；

2）慢性肝、肾疾病。

9. 砷及其化合物

（1）上岗前体检项目：常规项目，皮肤检查。

（2）在岗期间体检项目：内科常规检查，皮肤检查，末梢感觉，腱反射，尿砷，肝功能，血常规，尿常规，尿β2—球蛋白，心电图，肝脾B超，胸部X射线片，神经肌电图。

（3）体检周期：1年。

（4）职业禁忌证：

1）神经系统器质性疾病；

2）肝、肾疾病；

3）严重皮肤病。

2.5.2 职业病危害因素的识别

1. 按危害因素来源分类

（1）生产工艺过程中产生的有害因素，主要包括化学因素、物理因素及生物因素。化学因素主要有生产性毒物（如铅、苯、汞、一氧化碳、有机磷农药等）、生产性粉尘（如矽尘、煤尘、石棉尘、水泥尘、石棉尘、金属尘、有机粉尘等）。物理因素主要有异常气象条件（如高温、高湿、低温等）、异常气压（高、低气压等）、噪声与振动（如机械性噪声与振动、电磁性噪声与振动、流动性噪声与振动等）、电离辐射（如α、β、γ、X射线、质子、中子、高能电子束等。）、非电离辐射（如可见光、紫外线、红外线、射频辐射、激光等）。生物因素主要有炭疽杆菌、布氏杆菌、森林脑炎病毒、真菌、寄生虫等。

（2）劳动过程中的有害因素，主要有劳动组织和劳动休息制度不合理；劳动过度心理和生理紧张；劳动强度过大，劳动安排不当；不良体位和姿势，或使用不合理的劳动工具。

（3）生产环境中的有害因素，主要包括自然环境中的因素，如在炎热季节受到长时间的太阳辐射导致中暑等；以及厂房建筑或布局不合理，如采光照明不足，通风不良，有毒与无毒、高毒与低毒作业安排在同一车间内等；来自其他生产过程散发的有害因素的生产环境污染。

2. 按《管理办法》及《分类目录》所列职业病危害因素分类

《管理办法》暨《建设项目职业病危害分类管理办法》，《分类目录》暨《职业病危害因素分类目录》。

（1）粉尘类。包括矽尘、煤尘、石棉尘、滑石尘、水泥尘、铝尘、电焊烟尘、铸造粉尘和其他粉尘等。

（2）放射性物质类。包括可能导致职业病的各种放射性物质与其他放射性损伤等。

（3）化学物质类。包括铅、汞、锰、镉、钒、磷、砷、砷化氢、氯气、二氧化硫、光气、氨、氮氧化合物、一氧化碳、二硫化碳、硫化氢、苯等。

（4）物理因素。包括高温、高气压、低气压、局部振动等。

（5）生物因素。包括炭疽杆菌、森林脑炎病毒、布氏杆菌等。

（6）导致职业性皮肤病的危害因素。包括导致接触性皮炎、光敏性皮炎、电光性皮炎、痤疮、溃疡、化学性皮肤灼伤和其他职业性皮肤病等的危害因素。

（7）导致职业性眼病的危害因素。包括导致化学性眼部灼伤、电光性眼炎、职业性白内障等的危害因素。

（8）导致职业性耳鼻喉口腔疾病的危害因素。包括导致噪声聋、铬鼻病、牙酸蚀病等的危害因素。

（9）导致职业性肿瘤的危害因素。包括石棉、联苯胺、苯、氯甲醚、砷等。

（10）其他职业病危害因素。包括氧化锌、棉尘和不良作业条件等。

3. 职业病危害因素识别的方法

由于行业不同，生产工艺、致害途径、有害物质种类、数量差别很大，对作业场所的影响也各不相同。在进行职业病危害因素别识时，首先要明确项目概况、主要生产设备、工艺流程及其布局，生产过程使用的原料、辅料、中间品等基本情况，在此基础上，应用查表法、经验法、类比法、综合法等方法对职业病有害因素进行识别。全面辨识出究竟哪些作业场所、何种工艺流程中存在及产生的职业病危害，经过工艺流程分析所产生的有害因素、原因准确地识别，确定有意义的职业病危害因素。

（1）概况、生产设备、工艺流程、原料等

1）项目概况、选址、布置、生产设备、工艺流程，可能产生的危害因素种类、部位，设备机械化、自动化、密闭化程度；

2）生产过程使用的原料、辅料、中间品、产品化学名称、用量或产量；生产、运输、储存中和不同条件下发生化学反应产生的有害因素；

3）工程技术、防护、应急救援及职业卫生管理措施，建筑学卫生要求，如车间采暖、通风、采光、照明、墙体、墙面、地面等，防尘、防毒、防噪、防振、防暑、防湿、防寒、防电离辐射、防非电离辐射、防生物危害措施等。

（2）识别方法

1）检查表法（危害因素识别表）：

检查表是针对不同的行业，专为各种职业病危害因素识别设计编制的表格，表格中能直观地反映出不同工艺流程中存在和产生的职业病危害因素或原因，有害物的种类及危害因素的类型、操作方式及作业人员所处的岗位、可能导致的职业病。检查表的特点是简明易懂，方法简单适用，易于掌握，能弥补有关人员的知识经验不足。优点是通过系统的检查，能比较全面的进行辨识，应用范围广。缺点是：通用性较差、同样受经验等因素的影响、大项目实施起来花费时间长。

2）经验法

经验法是指依据掌握的相关专业知识和实际工作经验，凭借经验和判断能力直观地对评价对象的职业病危害因素进行识别。要点是依据具体情况决定是否需要采用经验法，是否收集了足够的相关行业、生产工艺的职业卫生基础资料，能否全面识别、分析项目职业病危害因素及其防护措施的有效性。简便、易行是它的优点，缺点是受评价人员的知识、经验和资料的限制，可能出现遗漏和偏差。

3）类比法

类比法是指利用已经建成投产的相同或类似工程的职业卫生检测、监护和统计分析资料进行类比，分析评价项目的职业病危害因素及其防护措施的有效性。实际应用中，通常采用有全部类比法和部分类比法。优点是通过对类比现场的调查、监测，可以定量、直观的识别职业危害因素。缺点是相似可比性的差异带来偏差。

4）综合法

综合法是指在不能完全用一种方法完成识别时，可以将项目划分为几个部分，综合使用经验法、类比法等方法进行职业病危害因素识别，要点是将几种评价方法进行划分，根据各自的要点逐一分析。特别应注意其可比性、完整性和真实性。

这几种方法各有利弊，最好的方法就是职业危害因素评价的方式。

2.5.3 职业病危害防护措施

序号	防护项目	设施名称
1	防尘	集尘风罩、过滤设备(滤芯)、电除尘器、湿法除尘器、洒水器
2	防毒	隔离栏杆、防护罩、集毒风罩、过滤设备、排风扇(送风通风排毒)、燃烧净化装置、吸收和吸附净化装置
		有毒气体报警器、防毒面具、防化服
3	防噪声、振动	隔音罩、隔音墙、减振器
4	防暑降温、防寒、防潮	空调、风扇、暖炉、除湿机
5	防非电离辐射(高频、微波、视频)	屏蔽网、罩
6	防电离辐射	屏蔽网、罩
7	防生物危害	防护网、杀虫设备
8	人机工效学	如通过技术设备改造，消除生产过程中的有毒有害源；生产过程的中密闭、机械化、连续化措施、隔离操作和自动控制等
9	安全标识	警示标识